身心灵魔力
品/格/丛/书

美感

窗含西岭千秋雪

栾 燕 ◎ 著

中国出版集团 现代出版社

图书在版编目(CIP)数据

美感:窗含西岭千秋雪 / 栾燕著. —北京：现代出版社，2014.2
（身心灵魔力书系）
ISBN 978 – 7 – 5143 – 1981 – 1

Ⅰ．①美…　Ⅱ．①栾…　Ⅲ．①散文集 – 中国 – 当代
Ⅳ．①I267

中国版本图书馆 CIP 数据核字(2014)第 022271 号

作　　者	栾　燕
责任编辑	王敬一
出版发行	现代出版社
通讯地址	北京市安定门外安华里 504 号
邮政编码	100011
电　　话	010 – 64267325　64245264（传真）
网　　址	www. 1980xd. com
电子邮箱	xiandai@ cnpitc. com. cn
印　　刷	北京兴星伟业印刷有限公司
开　　本	700mm×1000mm　1/16
印　　张	13
版　　次	2019 年 4 月第 2 版　2019 年 4 月第 1 次印刷
书　　号	ISBN 978 – 7 – 5143 – 1981 – 1
定　　价	39.80 元

P前　言
REFACE

　　为什么当今时代的青少年拥有幸福的生活却依然感到不幸福、不快乐？怎样才能彻底摆脱日复一日的身心疲惫？怎样才能活得更真实、更快乐？

　　许多人一踏上社会就希望一鸣惊人，名利双收地拥有一切。这样急功近利，不注重人生的积累，是难于起飞的；相反，能不辞辛苦地为自己拓展好助跑的跑道，从而争取优势不断发挥，才能逐渐使事业有所发展。那么给生命一个助跑的过程吧，这样，我们的人生就可以飞得更高。

　　一个人的成长、成熟、成功，其实是一个不断进行积累的循序渐进的过程，人的身上要拥有无穷大的潜力，主要靠平时的积累。助跑的过程其实就是让自己的潜力得到极致发挥的一种措施，就是为了让自己跑得更快、跳得更高、跳得更远。可以说，助跑的过程是一个漫长的过程，但没有这个过程是不可能最终获得成功的！我们每天都在积累，我们每天都在助跑，因为我们的心中有一个目标！

　　越是在喧嚣和困惑的环境中无所适从，我们越觉得快乐和宁静是何等的难能可贵！其实"心安处即自由乡"，善于调节内心是一种拯救自我的能力。当人们能够对自我有清醒认识，对他人能宽容友善，对生活无限热爱的时候，一个拥有强大的心灵力量的你将会更加自信而乐观地面对现实、面向未来。

　　本丛书将唤起青少年心底的觉察和智慧，给那些浮躁的心清凉解毒，进而帮助青少年创造身心健康的生活，来解除心理问题这一越来越成为影响青少年健康和正常学习、生活、社交的主要障碍。本丛书从心理问题的普遍性着手，分别描述了性格、情绪、压力、意志、人际交往、异常行为等方面容易出现的一些心理问题，并提出了具体实用的应对策略，以帮助青少年读者驱散心灵的阴霾，科学调适身心，实现心理自助。

C目 录
ONTENTS

第三章　守候一份美丽心情

第四章　恢复美感的本能

第十一章 让人生更精彩

第一章
人生之美

有三种简单然而无比强烈的激情左右了我的一生：对爱的渴望，对知识的探索和对人类苦难的难以忍受的怜悯。这些激情像飓风，无处不在、反复无常地吹拂着我，吹过深重的苦海，濒于绝境。

——罗　素

幸福不是享了多少乐，而是摆脱了多少痛苦。

——叔本华

美是奇异的。它是艺术家从世界的喧嚣和他自身灵魂的磨难中铸造出来的。

——毛　姆

人生是美丽的风景

每一个人都有自己的人生理想。人的一生之中有许许多多的故事，因为有了这些故事才显示了我们人生的精彩。人生是美丽的、多彩多姿的，我们都在为自己的人生而奋斗着，并为一个自己认为的伟大目标而奋斗、而快乐。

世上的人，不管男女，还是老幼，不管一介布衣，还是达官显贵，恐怕没有谁不想拥有没有烦恼、没有问题、没有挫折的理想人生。倘若真如此的话，人世间也就缺少了千差万别、多姿多彩的形态，那将是一幅多么凄惨的画面啊！有人说："理想是理想，未必能实现。"我认为理想必能实现，不能实现的是幻想。没有理想的人生是茫然的，他找不到自己的奋斗目标，从而迷失在人生汪洋的大海中。

我们的生命自打跨入人世间，就注定了我们的不平凡和不容易。经历了五彩缤纷的童年，从那时起，在我们纯真的心灵就憧憬着人生的理想，虽然无知的我们感到很茫然，但从此我们就会在这种环境之下勇敢地生活下去。让我们试想一下，当你步入人生末年，打开你的回忆录时，你才会发现自己走过来的路是多么曲折。你也许会对自己年轻时的勇敢与智慧感到自豪，也可能对自己的愚昧和无知而感到可笑。也许因自己终生碌碌无为，没有为自己的梦想奋斗过而悲哀。有人认为人生是一条宽敞、平坦的大道，其实不然，它是一条铺满荆棘，充满坎坷、挫折与艰苦的崎岖山路。只有我们不断努力、奋斗，那么，人生广阔的前途才会展现在我们面前。我曾经看过这样一句话：理想是舵，信心是帆，勤奋是桨，成功是岸。

有曲折才有雄壮，有起伏才有波澜。握紧你理想的舵，信心的帆，勤奋的桨，总有一天能驶到成功的岸边。是的，在海上，遇到狂风暴雨是不可避免的，你只要与狂风暴雨做斗争，你就会驶到岸边那全新的世界……理想，每个人都有，但是要实现靠的是努力和追求，人生是美丽的风景，欣赏风景的不仅是别人，还有你自己！

魔力悄悄话

我们常说："人生短暂，我们要过一个充实而有意义的人生。"有意义的人生就是用自己毕生的心血去实现那心中最美好、最远大的梦——理想。

善于发现美

　　记得有位哲人说过这样一句话：对于我们的眼睛不是缺少美，而是缺少发现美的眼睛。在现实生活中总是会有许多人抱怨社会的丑陋，抱怨穿行于社会中的人们的丑陋等。

　　其实，这些人的这种想法是过于偏激了！在社会中还是存在许多的美的，就是因为人们不去发现，只是一味地通过表面现象下结论。有个故事是这样的：一天，美和丑相约一起去海边游泳，美穿的是美丽的外衣，而丑穿的则是丑陋的外衣。二人游完泳后，丑先上的岸，随便拾起一件外衣就穿上了，随后美也上了岸穿上了外衣，二人就回家了。但回到家中才发现衣服穿错了，此时丑发现自己很美，而美发现自己很丑。这个故事说明美和丑有时只需要一件外衣就可以改变，关键是自己有没有发现。

　　生活中就是如此。当一个脸上有疤痕的女孩走到你的身边，第一反应就是怎么有这么丑的人。其实当你细心打量你会发现，她的笑容很灿烂，看起来很美，当你和她相处一段时间，你又会发现她有颗很善良的心。当你走在一块荒芜的田地里，田里堆满了垃圾，并且臭气熏天，苍蝇乱飞。此时你感觉到的除了恶心应该不会还有其他的感受了，你会很扫兴地想尽快离开这里，但当你停下焦急的脚步时，你会发现旁边有郁郁葱葱的小草正在茁壮地生长，还有含苞待放的花朵迎着阳光显得格外娇艳欲滴。这些美就存在于丑陋中间，关键是要靠我们的眼睛去发现，这就要求我们要多留心、多观察，善于从丑陋的背后去发现美丽。

　　2007 年 10 月 2 日世界夏季特奥会在上海隆重开幕。这是一群特殊的人在一起为了自己的运动梦想而奋斗。他们都是一些有着特殊身体的人，他们都是有缺陷的人。假设从外表去看的话，他们也许给人的第一印象是丑，但当他们站在运动场上的一刹那，你会发现他们是最美的，他们是世界上最可爱的人。

随着科技的进步，人们的思想素质的提高，人们的审美观也有所改变。一些抽象的东西人们也可以去发现它的美，这就是进步，是人们善于发现美的进步。人们给予断臂的维纳丝的是崇敬，美更是体现得淋漓尽致。凡·高画了一生的画，到死后人们才发现他的画美的一面，从而使凡·高的画成了无价之宝。如果人们善于去发现美，就不至于出现这种历史的遗憾。在我们的周围美就像影子一样和我们形影不离，只是我们没有去注意，没有细心去发现。

美与丑其实有时就是一步之遥，美中有丑，丑中有美，这就要求我们去善于发现，当我们用眼睛去细心品味丑中之美时，你会发现这也是一种幸福，从身边去发现那些被人们摈弃的丑，把那美的一面带到自己的心灵世界，让自己的心灵在美中得到净化。

魔力悄悄话

眼睛是心灵的窗户。用美去敲开这扇窗，让心情变得更舒畅，让我们用心去发现生活中点滴的美以及那些被遗忘的美。

生命每天都是新的

看杨澜采访中国第一女太空人刘洋，印象最深刻的是刘洋说的那句话：当她离开地球从太空中望向地球时，才第一次感受到为什么叫地球母亲。她说，生活在地球母亲的怀抱中，像吃喝拉撒睡这样的小事也是幸福的；能够脚踏实地地走在路上，都是一种巨大的幸福。

也许有人会说，我们每天都是在吃喝拉撒睡中，每天都要走路，这些让人习以为常甚至感到琐碎和单调的日常生活，怎么会是一种幸福呢？

无独有偶，一行禅师曾经说过，人能够行走在地面上是最大的奇迹，是比世界上任何魔术都神奇的奇迹。在太空中行走算不上什么奇迹，人能够在地面上自由地行走才是真正的奇迹。这与刘洋的感受不谋而合。

我们每一天所度过的看似重复的日子其实都是新的，都是不一样的一天。

百岁老人杨绛表达过类似的感受："年轻时曾和费孝通讨论爱因斯坦的相对论，不懂。有一天忽然明白了，时间跑，地球在转，即使同样的地点也没有一天是完全相同的。现在我也这样，感觉每一天都是新的，每天看叶子的变化，听鸟的啼鸣，都不一样。树上的叶子，叶叶不同。花开花落，草木枯荣，日日不同。我们每天的生活也没有一天完全相同，总有出人意料的事发生。"

我们当然知道地球每时每刻都在旋转和运动中，但是成为一种切身的体验却很难，只因为地球实在太大。

有一个大型杂技：一个人在一个旋转的大球上不停地奔跑，以免掉下去，看得人有点心惊胆战。这种情形其实和我们人类在地球上行走是一样的。

想一想人类在如此高速旋转的地球上却可以安安稳稳地吃喝拉撒睡和行走，实在比那个高难度的奔跑的杂技人悠闲多了。这不是奇迹吗？这不是比奇迹更神奇吗？这样的每一天不是比魔术更有趣更值得享受吗？

如果我们能够时时感到这种体验，就不会再习惯性地抱怨生活的没有变化，抱怨生活的单调和无趣，就会感到我们每个地球人其实都像是一个玩游戏的高手，每个人都像是一个高明的魔术师。我们每一天的生活，都像是一个有趣而神奇的游戏。

每一天都是新的一天，重复的只是我们麻木迟钝的感觉而已。如果能够用心去体验和感受每一天，发现日常生活之美之变化，带着一颗活跃的创造之心去好好享受和创造生活，自然就能够感受到生命的丰富与新奇。

然而，我们总是把更多的时间用在发现更新的、更高级的、更现代的、还未拥有的事物上，而不是好好珍惜与享受地球母亲已经慷慨地赐予我们的、日常已经完全能够满足我们需要的物质财富，不能好好去感受和发现每天日常生活的爱与美，总是在贪婪、空虚和恐惧中奢望着明日那空虚而又遥不可及的"幸福目标"。

魔力悄悄话

生命如此短暂，每一天却都是新的。要好好享受每一天，不要把生命浪费在对过去的沉湎和对未来的想象上面。

大美有大爱

美为何物？结构而论，圆的就是美的；数学而论，黄金分割就是美的；视觉而论，讨好眼球就是美的；嗅觉而论，满足鼻子就是美的……美景、美酒、美餐、美女、美文，一定意义上都是美的化合物，美丽的东西具有魅力，吸引着无数人。

美的含义很广泛。本义，羊大为美，也就是小肥羊。饥饿的野人，啃着树根，嚼着树皮，无奈啊无奈，可怜啊可怜，命苦啊命苦；恰在此时，一只小肥羊走入视野，那种感觉，流着哈喇子，眼球恨不得滚出来，美啊，真美，色美，味美，心美，总之，一个小肥羊那就是十全十美。对于人生而言，什么是美呢？人生的小肥羊又是什么呢？

一个人，爱的人爱自己，亲的人亲自己，想的人想自己，谈的人谈自己，很美；一个人，想睡觉有床，想居住有房，想吃饭有汤，想做好事有人帮，很美；一个人，在闹市中寻求安静，在孤独中享受寂寞，在灾难中同舟共济，急流勇退，很美；从出生走向死亡，就是人生，美就是享受从生到死的过程。

（1）生得伟大。1+1等于几，生命就是一个奇迹，他诠释了1+1并不等于2的真谛。生命是阴阳合德，男女合体，不管是男是女，都起源于子（父），女（母），子女是什么？子女就是好。

生命是最复杂的结构，任何科技手段都没有生命复制。一座大山难不住科学家，一个细胞困惑世人几百年。DNA是生命的载体，双链的DNA，同时一分为二，又一条新的DNA产生了，简单的就像复印文稿，就是这样一个复制，构建了迄今为止最为复杂的结构体——生命；而且，这个最简单的过程又包含了今天最前沿的二进制。生命源于好，生得伟

大，最有内涵却又最为简单。生生之谓易，生是最美的。

（2）活得艰难。阳光总在风雨后，不经风雨怎见彩虹。人生更是如此，生命总是在最艰苦的条件下开出最美的花朵。正所谓生于忧患，死于安乐。庄子，公认的美学家。它的美不是富贵乡里赞繁华，温柔乡里说幸福。锦衣华表，玉丽堂皇产生的是纨绔子弟、淫乐小人；缺穿少吃，透风漏雨却产生了最懂得美的庄子。真的很怀疑，生命为什么这么"贱"？你去虐待它，让它生不如死，它却给你最会心的笑，最纯真的坚强；针灸，一根根银针扎满全身，得到的不是痛苦，而是痛苦的解除；真是难以理解，真是搞不懂，生命真就这么"贱"！美学人生，活得艰难。

（3）死得光荣。生命最终的归宿是死亡，生的结果都是死。人生就是两个点，生是一个，死是一个；生是 1 + 1 等于 3，死纠正了这个错误，1 + 1 复归于 2。人死入土，化作春泥，滋润着下一个生命，无声无息，延续了一个又一个奇迹。

魔力悄悄话

生命很短暂，生于无死于无，生不带来死不带去，在"无和"不"中产"生喜怒哀乐，产生是非功过，产生吉凶悔吝，产生悠悠历史，绚烂文明，这，就是生命的肥羊，人生之美。

留份美丽给自己

从生下来的那一天开始，也许就注定了每个人一生都要经历许许多多的痛苦或快乐，所以当我们某一天在时光里静坐，当我们不经意间在镜子中看到爬满沧桑的额头，一丝叹息也便会在风中悄然滑落……

人，小的时候，都希望自己快点长大，长大了，却发现遗失了童年；单身时，羡慕恋人的甜蜜；恋爱时；却又忍不住怀念单身时的自由。很多时候，很多事物，没有得到时总觉得美好，得到之后才明白：我们得到的同时也在失去。

生活就是这样，梦，永远是美好的；现实，总是残酷的。

生活中，明明有很多事，我们是有机会做的，却一天一天推迟，想做的时候，却发现机会错过了；生活中，明明有很多话我们是有机会说的，却想着以后再说，要说的时候，发现已经没必要说了；生活中，明明有很多爱，我们是有机会把握的，却不在意没在乎，想爱的时候，已经来不及了……也许，人生原本就是由许多的沉沉浮浮组成，所以，才有了许许多多的说不清道不明，乃至肝肠寸断，扼腕长叹……

红尘中，我们都在各自的轨迹中忙碌着，我们都在各自的注定中遇见或擦肩着某些人。一场遇见可能会耗尽一生的思念，一个眼神可能会彷徨一生的等待，一个决绝的背影可能会倾尽一生的爱恋。快乐着伊人的快乐，悲伤着伊人的悲伤，有时，情愿将自己画地为牢，所以，世界才有了那么多凄美的爱情故事，人生才有了那么多的"蝴蝶为花碎，花却随风飞"的慨叹。

走过了千山万水，我们才慢慢地懂得：没有人喜欢孤独，虽然有时我们不得不孤独；没有人喜欢寂寞，虽然有时我们不得不寂寞，一转身就是一辈子。我们不得不承认，这就是爱情，这就是生活。

可是，谁又能知道，痛苦的背后会有多少幸福？沧桑的背后会有多少绚烂呢？总有起风的清晨，总有暖和的午后，总有绚丽的黄昏，总有有流星的夜晚。人生，不会永远一成不变，不是吗？当你走过了所有的坎坷和泥泞，你会发现：生活，还有另一番风景。

还记得这样一句话吗？曾经拥有的不要忘，已经得到的更加珍惜，属于自己的不要放弃，已经失去的留作回忆。累了，请把心靠岸；错了，请不要后悔；苦了，才懂得满足；痛了，才知道享受；伤了，更明白坚强。

别为不该伤的心湿了眼，别为不该等的人断了魂。流年易逝，转身，一样会有春天；转身，一样会快乐，会永远。

魔力悄悄话

青葱岁月，品一丝安然，握一份恬淡，留份惬意给自己，轻语岁月，笑看流年。转身，留份美丽给自己！

有一种美需静静品味

都说寂寞是一种孤独的痛，都说寂寞是一种无法排解的忧，可我明明看见寂寞，在安静的夜里，如昙花般地盛开，孤然傲气，纤尘不染。

我喜欢这样的夜晚，独自坐在阳台上，沏一杯茶，点一支烟，看远处高楼上的霓虹闪闪烁烁，听班得瑞的《仙境》所创造的空灵缥缈的音乐世界；在音乐的梦境中轻轻地走过山林旷野。

思绪在这样的夜里，随着音乐渐行渐远，清澈透明。没有太多的想法，没有太多的奢望，心因为简单而变得纯粹，思维因为无欲而变得遥远，夜也因为静谧而变得空灵。我喜欢这样的感觉，世界空空的，仿佛只有我一人，我穿行在过去与未来之间，所有的曾经与过往，都变得美丽而单纯。

在城市里生活，在人群中跋涉，总感觉自己像一片落叶，一只陀螺，既没有方向，也没有归处。人，在嘈杂的环境中卿卿我我，心却好似被放置在空旷的原野里一般孤单。或许，每个人都有一颗孤单的灵魂吧！这颗灵魂可以在人群中放逐，也可以在旷野里流浪。然而，不论用什么样的方式来包围与解脱，这颗灵魂始终走不出原始的冷寂。

生命本身就是一场孤单的逃亡，无论怎样的千回百转，寻寻觅觅，我们依旧只是花瓣上的一滴水，天空里的一片云。因为孤单，所以我们渴求，渴求一种方式，能够让心与心坦然面对，相拥而行。

寂寞是一种安静的时态，也是孤单的灵魂，在自我世界里巡游的一种最佳状态。寂寞时闭上眼睛，可以让生命静止，寂寞时端起茶杯，可以与心灵对视，寂寞时点起香烟，身在闹市心在旷野。寂寞，可以让思维走得很远；寂寞，可以让世界变得很大；寂寞，可以让生命不再觉得孤单。

生命对于每个人有不同的意义。有些道理只能在寂寞中明悟，有些禅意只能在红尘之外警醒，而有些生命的精彩，也只能在苦与痛之中体味。

魔力悄悄话

寂寞是花，寂寞是一朵除我之外无人能看懂的花。花开的时候，我会沉浸在氤氲的花香里，体味自我，放弃自我，体味宽容，学会宽容。生命最真实的意义，不妨在寂寞花开的时候细细聆听，

绝对的完美是一个误区

俗话说"金无足赤，人无完人"，没有人会反对这个道理。然而实际生活中，除极少数智者、哲人之外，大千世界芸芸众生，却无不追求完美或自以为完美。追求真善美没错，但绝对的完美却是求不尽的"圆周率"。

知识是学不完的，钱是赚不尽的，权力是不封顶的，而生命却有限，追求完美只能适可而止，否则会成为另一种"贪得无厌"，活得紧张、拘束、很累。

自以为完美则更糟。这种人不会承认自己的弱点，而且是时刻留神遮掩自己的弱点，一年到头戴副假面具以示人。这样活得会更紧张、更拘束。

"人有悲欢离合，月有阴晴圆缺，此事古难全"，人生亦如此。有才未必有貌，有貌未必有才，才貌双全却会时运不济。人类为万物之灵，却是动物中最脆弱的一种。

随着社会现代化的进程，人类的灵与肉毛病越来越多，越来越经不起敲打了。我们必须正视这一事实。遗憾的是，人们的行为却往往有悖常理。

他们身体生病时，便急忙找医生，详尽诉说自己的病情，而且一般都加以强调或夸大，然而对自己人性中的弱点、缺陷却讳莫如深，甚至采取"鸵鸟政策"，一律不予正视。

其实，把一个真实的自我，包括所有的优点和缺点、美丽和鄙俗，毫无保留地展现给朋友和社会，你会活得很坦然、很轻松、很实在、很潇洒。这样，你不会去为追求荣誉而负重千钧，也不必为暴露缺点而感

到无地自容。

曾经听说过这样一句话："最美好的商品只存在于广告中，最美好的人只存在于悼词中。"一个人追求完美当然是无可厚非的，这本身是一种积极的生活态度，没有追求，那么生命也就失去了原本的意义。但如果过分地看重完美，过度地苛求完美，最终会让自己身心疲惫。

魔力悄悄话

世界并不完美，所以应该有更多的宽容。别太苛求别人完美，也别太苛求自己完美。社会有许多准则，每个人的行为只要符合基本准则，那他的生命就是有意义的、有价值的。

简洁尽显生活之美

世界上，许多事物之所以美，大都因为简洁。一个馒头，一碗粥，一碟小菜，心满意足地吃下来，有滋有味；三口人，两份工资，一个家，锅碗瓢盆地过下去，有苦有乐；一丛兰花，数竿修竹，几叶芭蕉，有情有趣。

简洁是一种生活方式，不讲奢华，不求档次。街头风情万种，然而，三两位老人，一盘炒花生，几块豆腐干，浅酌低谈的小景，及饮罢在夕阳下提着鸟笼各自归去的背景，却比那些热烈亮丽的场面更具诗情。

简洁是一种人生态度，得失随缘，不尚华贵，不羡名利。在生活中，幸福的人家很多。然而，那些拥有一个简朴的家，拥有一个自己能爱又爱自己的妻子，拥有一两个称得上是朋友的人，他们的幸福却更显平实久远。

简洁是一种工作作风，删繁就简，去粗存精，而不是官僚主义，或者眉毛胡子一把抓在手中，被纷繁复杂琐碎细屑弄昏了头脑。轻轻松松的简洁胜过忙忙活活的纠葛不清。

简洁只两个字眼儿，简洁得无须解释，又深刻得难以解说。在这个缤纷的大千世界里，好像愈美的事物愈接近简洁。真诚是美的，粗茶淡饭最养人，大丈夫伟岸正直令人仰慕，也是因为他拿得起，放得下，没有鸡毛蒜皮，没有缠绵悱恻。简洁的爱情之所以能天长地久，是因为它没有过分的情，没有载不动的愁，没有多余的纠葛和解不开的结。

简洁不是浅陋，简洁是山林中午的静谧深邃；简洁也不等于平庸，简洁是高原深秋的宽广无垠。简洁就是这样不耀眼，但让人心动。如果认为简洁是因为幼稚和贫穷，是因为天真和肤浅，那是没有真正理解简洁的内涵。真正的简洁是大浪淘沙后在生活的海岸上留下的一份从容和宁静，是踏破铁鞋后心灵深处觅到的一种悟性和智慧，它们代表着成熟和深度，代表着超凡和大器。

简洁不是不要丰裕小康、明快多彩的生活，不是拒绝浪漫情怀、潇洒风度，它只是喧嚣中保持一份空灵，不去凑那份热闹；只是流行中认定平淡如金，不去追什么时髦。

魔力悄悄话

简洁如高天上流云，高山上流水，让凝涩的人生流畅，把板结的心情融化，使喧哗的世界灵动。在漫漫人生之旅中，只有崇尚简洁的人才能找到心灵深处那最真实的轻松和自由。简洁造就了生活的美好，简洁的生活造就了高尚的人格。

一切都在路上

　　无常，让我们懂得，一切都在来的路上，一切都在去的路上……所以我们只须淡然面对与处理，你所拥有的恰好是你所需要的，你所没有的恰好是你不需要的，每一个此刻，都没有偶然，一切皆因缘。随缘，但要努力，因为有未来。努力，也要随缘，因为还有未来。

　　看淡世事沧桑，内心安然无恙。人生，说到底，活的是心情。人活得累，是因为能左右你心情的东西太多。天气的变化，人情的冷暖，不同的风景都会影响你的心情。而他们都是你无法左右的。看淡了，天无非阴晴，人不过聚散，地只是高低。沧海桑田，我心不惊，自然安稳；随缘自在，不悲不喜，便是晴天！

　　忙了很久，或许累了，累了很久，或许烦了，或许，人们希望有一片自在的天空，但真正的自在，不是上天赐给我们的，也不是外界带给我们的。身心清净了，才得自在。这种自在，不是说出来的，不是演出来的，而是由内而外从生命里自然散发出来的……

　　如果你有慧眼，你能时刻领略生活之美；如果你有慧心，你能时刻体察他人之仁；如果你有慧根，你能时刻提升自身之价。有些事，很有趣，但没有意义，像一出冗长的泡沫剧，不如让它过去；有些事，很无趣，但意义非凡，像一本深邃的历史书，须逐页细读。简单的事反复做，重要的事用心做，谁都可以创造奇迹。

　　有些人，看似和你密不可分，等某天他像风一样离开了，你才感觉你的世界并无什么差异；有些事，好像离开你寸步难行，可没有你的时候，地球依旧在旋转。别把某人看得过重，亦别把自己摆得太高，这样才能让人生少些负重。

美感——窗含西岭千秋雪

生活如水，平淡最美；生活如麻，千丝万缕；生活如料，酸甜苦辣；生活是生下来、活下去。若不喜欢，就去改变；无法改变，积极适应；不能适应，选择放手。能干的人去改变，勇敢的人去适应，智慧的人会放手。无论顺境还是逆境，我们用一颗坦然、自信、平静、淡定的心，乐观、豁达、随缘、自在地去面对。

人生一世，呼吸之间。一瞬一秒，西落东升，一枯一荣，世界万物无时不在演示着变化，也因为这时时的演绎，才有我们现有的人生。珍惜人生，快乐生活，不要让这轮回黯淡了光影。有人帮你是幸运，学会心怀欢喜与感恩；无人帮你是命运，学会坦然面对与承担。没有人该为你做什么，因为生命本是自己的，你得为自己负责任。人生的必修课是接受无常，人生的选修课是放下执着。当生命陷落的时候请记得，你必须跌到你从未经历过的谷底，才能站上你从未到达过的高峰。

有些事想多了头疼，想通了心疼。所以，想不开就别想，得不到就别要，干吗要委屈自己。在多说无益的时候，也许沉默就是最好的解释。命里有时终须有，命里无时莫强求。生命毕竟是一个漫长的过程，每一寸时光都要自己亲历，每一杯雨露都要自己亲尝。决定你是否快乐的关键是你的心境，而不是你的遭遇。

魔力悄悄话

高山由一粒粒微堆尘积而成，大海由一滴滴水珠汇聚而成，世间事都是由因生果，"好运气"也要有缘才到来。心存善念聚因缘，今日的善意会成就明日的善缘，别忽视这点滴的积累，一念善心的生起，就是照亮前途的光明。

距离可让不完美变成完美

距离之美，在于在适当的特定的距离和环境下去欣赏，才能产生出美的效果。距离之美，也可以让不完美的变成完美。

都说距离产生美，实际，美一直是一种客观存在。

只是这种美，首先需要我们懂得欣赏，然后才能保持适当的距离去感受，在特定的环境中产生出美的效果。

就像我们欣赏一幅油画，距离近了感觉是粗糙的涂抹，距离远了感觉出来的是模糊的效果，而恰当的距离才能欣赏到油画立体的风采。

这个美的距离，就是度，就如我们拍照摄影，只有调到最佳的焦距，才能取景清晰，适当应用，画面才能有美的意境。

这个美的距离，就是把握，多一分，少一分，都是需要拿捏的。

可谓："增之一分则太长，减之一分则太短。"可谓："多一分则媚，少一分则庸，拿捏必须恰到好处，才会有美的享受。"

这个美的距离，就是遐想，当我们远远地去看一片美丽风景的时候，可以说，意境之美能美到骨髓。而当我们渐渐走近的时候，那种直白的面对，或者，根本就不能用美来形容了，只有失望的真实。

这个美的距离，也正应了那句"草色遥看近却无"的意境。

在远处的欣赏，我们是带有自己的想象，是被距离美化过的。

而当我们走近了，那种真实的感觉，是不需要任何渲染的，所以，近距离，也就失去了臆想里的美。雾里看花，朦胧之美，也在于此。

世界上本来就没有完美的东西，如果非要近距离地欣赏，那就要容忍他的缺陷，就要承受心理与现实的距离差，就要降低自己对美的期望值。

　　距离产生美，而这个距离是广义的，其中包含着真实的距离，心理的距离，空间的距离，还有时间的距离。

　　真实的距离，在我们身边比比皆是，当我们去看一个陌生人的时候，远远地，感觉是赏心悦目的。而当这个人无止境地去靠近你，当你几乎能感觉到他的呼吸时，你会顿生厌恶，也就根本谈不上美了。

　　当对一个你崇拜的人，远远地欣赏，你会觉得他是完美的。

　　而当你走进了他生活，近距离地感受时，你会发现很多他刻意掩饰的东西，也许，就这一点小小的距离就让你感觉他并不高大，只是伪装罢了。

　　心理的距离，当两个相爱的人，远隔千里，而思念却能缩短距离，从而用心的距离，感受对方的美。

　　就如泰戈尔的诗中所写："世界上最遥远的距离，不是生与死，而是我就站在你的面前你却不知道我爱你。

　　这种距离就是心理修饰。这段距离，是因为心的相连而美丽，也是用思念和爱的距离，诠释了美的意义。

　　空间的距离，每个人都有自己的空间，而这个空间里，有不想让人知道的隐私。

　　如果，你离他的空间太近了，会被排斥，而当我们都处在危险空间之外时，那么各自的感觉都是美的。

　　保持合适的空间距离，就像是我们只能在一定范围内欣赏彼此，否则，太近了受伤，太远了陌路，这种美是相对的美。

　　时间的距离，当我们在欣赏一个古董、一幅古画、一首古诗词的时候，我们感觉的美，除了艺术性，很大一部分是欣赏那个时代的意韵。

　　这种时间的距离，是一种神秘、好奇、幻想的美。

　　如果你出生在那个年代，也许，你根本不会去欣赏它，而随着时间的流逝，这种被远古拉远的距离就是古朴之美了。

　　距离，也是个动态的东西，当我们人与人之间距离疏远了，就有了曾经短暂的美；当我们的爱情因为距离而无奈分离了，那是一种记忆里的凄凄之美；当我们随着时光老去，在我们的回忆里，即使是很淡的东西也会很美。

实际上，人生之美，也在于距离。

距离之美，不是完美无瑕，是我们懂得了在什么角度、用什么方式去欣赏，懂得保持一份恰当的距离，才能享受到的美。

距离之美，是一种意味深长的限制之美！而距离产生美，也让我们懂得了，最佳的审美，是保持适当的距离！

魔力悄悄话

人生的距离之美，就是不妨看待世界朦胧一些，不必非要看个清楚；就是对待问题糊涂一些，不必非问个明白；就是人与人之间保持一定的距离，比亲密无间更能维持得长久。

美丽的微笑与爱心

修女特雷莎给我们讲述了她亲身经历的故事，她说：穷人大多数是非常好的人。一天晚上，我们外出，从街上带回了 4 个人，其中一个岌岌可危。我告诉修女们说："你们照料其他 3 个，这个濒危的人就由我来照顾了。"

这样，我为她做了我的所能做的一切。我将她放在床上，她的脸上露出了如此美丽的微笑。她握着我的手，只说了句"谢谢您"就死了。

我情不自禁地在她面前审视起自己的良知来。我问自己，如果我是她的话，会说些什么呢？答案很简单，我会尽量引起旁人对我的关注，我会说我饥饿难忍，冷得发抖，奄奄一息，痛苦不堪，诸如此类的话。但是她给我的却多得多——她给了我她的感激之情。她死了，脸上却带着微笑。

我们从排水道带回的那个男子也是如此。当时，他几乎全身都快被虫子吃掉了，我们把他带回了家。他对我们说："在街上，我一直像个动物一样地活着，但我将像个天使一样地死去，有人爱，有人关心，真是太好了。"我看到了他的伟大之处，他竟能说出那样的话。他那样地死去，不责怪任何人，不诅咒任何人，无欲无求，像天使一样——这便是我们的人民的伟大之所在。

因此，我们相信耶稣所说的话——我饥肠辘辘——我衣不蔽体——我无家可归——我不为人所要，不为人所爱，也不为人所关心——然而，你却为我做了这一切。

我想，我们算不上真正的社会工作者。在人们的眼中，或许我们是在做社会工作，但实际上，我们是在世界的中心沉思冥想的人。因为，一天 24 小时，我们都在触摸基督的圣体……我想，在我们的大家庭里，我们不需要枪支和炮弹来破坏和平或带来和平——我们只需要团结起来，彼此相爱，将和平、欢乐以及活力带回家庭。这样，我们就能战胜世界上现存的一切邪恶。

我准备以我所获得的诺贝尔和平奖奖金为那些无家可归的人们建立自己的家园。因为我相信，爱源自家庭。如果我们能为穷人建立家园，我想爱便会传播得更广。

而且，我们将通过这种宽容博大的爱而带来和平，给穷人带来福音，这些穷人首先是我们自己家里的穷人，其次是我们国家和世界上的穷人。为了做到这一点，姐妹们，我们的生活就必须与祷告紧紧相连，必须同基督结合一体，这样才能互相体谅，共同分享。因为同基督结合一体就意味着互相体谅，共同分享。

因为在今天的世界上仍有如此多的苦难存在……当我从街上带回一个饥肠辘辘的人时，给他一盘米饭，一片面包，我就心满意足了，因为我已经驱除了他的饥饿。

但是，如果一个人露宿街头，感到不为人所要，不为人所爱，惶恐不安，被社会抛弃——这样的贫困让人心痛，如此令人无法忍受……因此，让我们总是以微笑相见，因为微笑就是爱的开端，一旦我们开始彼此自然地相爱，我们就会想着为对方做点什么了。

特蕾莎修女自己也是一个穷人，她的生活朴实无华，但同时她又是世界上最富有的人，因为她拥有爱、给予爱、收获爱。

特蕾莎修女清醒地认识到，居高临下的给予，接受者会有被施舍的屈辱感觉，这对一个人的尊严是极大的伤害，可能导出苦涩的敌意，而不是和谐与和平。

在街头，这个瘦小的修女亲手握住快要死去的穷人的手，给她们送去临终前最后一丝温暖；在医院，这个受着病痛折磨的修女亲吻着艾滋病患者的脸庞，为他们筹集医疗资金；她给柬埔寨内战中被炸掉双腿的难民送去轮椅，也送去生活的希望。

美感——窗含西岭千秋雪

特雷莎修女语言简洁质朴，所举事例听来似乎平凡之至，然而其中所蕴含的伟大而神圣的爱却感人至深。她曾动情地说："我们做的不过是汪洋中的一滴水。"特雷莎修女说这些话的时候，就好像母亲给孩子讲故事，没有粉饰，没有卖弄，有的只是一颗直白坦率的心。她微笑着说。

魔力悄悄话

让我们记住这一点：没有人不需要关爱，我们要总是以微笑相见，尤其是在微笑起来很困难的时候，更需要微笑。

第二章
人性之美

对于一个具备自身价值的人来说,如果他懂得尽量减少自己的需求以保存或扩大自己的自由,与其他的同类接触——人活在世上是无法避免与其同类打交道的——他就是具备了真正的人生智慧。

——叔本华

真正美的东西必须跟自然一致。

——席 勒

把美的形象与美的德行结合起来吧,只有这样,美才会放射出真正的光辉。

——培 根

美与丑的深刻感悟

"美是人的本质力量的感性显现。"这是美学给"美"下的定义。单从这个定义就可知道，美学是一门很高深的学问。它的确是一门很高深的学问，不亚于哲学。假如没有哲学、心理学、文学艺术理论等方面的知识为基础，想学好美学是不可能的。美学所以高深，是因为"美的本质"隐藏得太深，难以被人们发现。

一、美是什么

美存于内而显于外。美是内在"好"的外在表现。外在美是内在美放出的光芒，是内在美溢出的馨香。好有各好，美有各美，美是多样的，各有各的魅力，不可相互替代。

二、漂亮与美丽的区别

漂亮来自父母，美丽全靠自己。漂亮是眼的感觉，美是心灵的感受。眼只能看到漂亮，心才能看到美丽。漂亮美人眼，美丽美人心。美容只能使人漂亮，美心才能使人美丽。漂亮美丽，难成比例。

三、内外美的关系

外表漂亮，心灵丑陋，那才真是一朵鲜花插在了大粪堆上。心脏最脏，心丑最丑，心美最美。只有让人厌恶的心灵，没有让人厌恶的外表。品高人自美，德高人自丽。外表丑陋心可补，心灵丑陋貌难护。没有美的心灵，绝不会有悦人的外表。苦乐在态度，美丑在心灵。

四、美丑与情感的关系

事喜欢好，人喜欢美。恨无美，爱无丑。越爱人越美，越恨人越丑。让人憎恨，天仙也会变成猪八戒。看不够的最美，不想看的最丑。厌其心必厌其身。想起某人就烦，看到某人就恼，他（她）就是再漂亮，你会觉得他（她）美吗？

五、美的改变

美容店只能美容，不能美心。美在心灵，丽在气质，真正彻底的美容在美心。在这个世界上，最难美化的就是人的心灵。人的智力大都相同，谁勤奋谁就是天才；人的相貌大都一般，谁美心谁就是天仙。丑陋不可怕，可怕的是不知美心。外表不如人，内在要超人。貌美易变，心美久存。病残美可存，呆傻美不在。

六、美的鉴别

包装精美常骗人，外表靓丽常惑人。好吃的不一定有营养，好看的不一定有修养。新不等于美，奇不等于丽。真美越看越美，假美越看越丑。经得起时间考验的美才是真美。

七、美名与"美事"的关系

昭君不出塞，谁知有昭君？谁知其美？玉环不嫁君，谁知玉环？谁知其丽？

八、其他

在这个世界上，最美的是人，最丑的也是人。只看人缺人皆丑；只看人优人皆美。

魔力悄悄话

如同不可以选择家庭一样，你也不可以选择容貌，但你可以选择心灵而改变容貌使自己很美丽。因此说，自己是自己最好的美容师。愿天下所有的人，通过美心使自己变得更美丽！

拥有微笑的人生

微笑，人生美丽的定格

微笑，人生美丽的定格。

花儿无声地诠释着世间的美丽。笑靥如花，人们常常把笑容比作花朵，也就赋予了它美丽的潜质，可见笑在人们心目中是多么讨人欢喜的表情。

一个甜美的微笑，多少善意，多少亲切，多少理解蕴含其中。微笑，真的是定格在每个人心底的取景框里的美丽。

人生沿途的景色瑰丽无比，却没有一处比得过挂在你我脸上的微笑来得温暖、灿烂、迷人。

人生的微笑从婴儿那梦中的"婆婆娇"开始，甜醉母亲的心，放飞母亲的思绪在猜想的国度里幸福漫游。

渴望的心念伴着美好的憧憬，宛若阳光映照下的云霞绚烂夺目，在悠悠的心间滑过，惬意迷离。

孩提时的微笑，单纯简单——一个小小的心愿得到满足，一次测试优异的成绩，一朵飘动的云儿，一只可爱的小虫……都是微笑漾上稚气天真的脸的源泉。

喜欢孩子们挂在嘴角的那天真的笑意，好似绽开在心之海洋的一朵洁白的浪花，清爽纯洁。

姑娘笑意盈盈的玉面掠过一抹红霞，灿若三月的桃花，春日的光影里无限妩媚浅透一丝娇羞。

春风熏醉了枝头的朵朵娇艳，万千蝶儿拍打精巧灵秀的翅膀，跃跃欲飞的是姑娘心中的梦想，还有那酝酿已久的浓浓的爱恋，甜蜜徜徉。

当微笑在小伙子的脸上停留，那一定是为了心爱的姑娘。不然那桀骜不驯的爽朗笑声，怎会被无声的浅笑取代？此时无声胜有声，上扬的唇角掩饰不住内心的向往，那一脸柔柔的蜜意流淌一世的缱绻深情，缠绵浪漫。

叔叔阿姨的微笑，是生活积攒的淡定平和——那是多年历练的处事不惊的生活态度，悠然淡雅。

爷爷奶奶的微笑，是对生活的绝对满足——那是儿女孝顺、生活富足的双重体现，舒适醇香。

人生的旅途有缘相遇，不要吝啬微笑，予人玫瑰手有余香，给人微笑心存快乐。

别人成功的时候，别忘了那赞许的微笑，你的鼓励是催进他继续前行的脚步；别人失意的时候，别忘了那真诚的微笑，你的支持是唤醒他坚强奋进的号角。

亲人间的微笑可以增进感情，朋友间的微笑可以强化友谊。

初次相遇的你我，同样也需要微笑，它是消除彼此陌生感觉的洁净剂。它的出现拉近了你我之间的距离，让曾经疏远的两颗心瞬间靠近，丝丝暖意心间升腾扩散。友谊的花朵悄然盛开，馨香渐入心脾，迷醉你我。

别忘了，每天对着镜子中的自己微笑，给自己一份自信。让阳光在心中的每个角落驻足，驱逐点点阴霾，赶走丝丝烦恼，生活自然会锦上添花，五彩缤纷，异彩呈现。

让微笑在脸上绽放

"如果你不漂亮，就要使自己有才华；如果你既不漂亮，又没有才华，你就要学会微笑。"记不清这是谁说的话了，但细细想来，这句话确实非常独到。

一项关于"和谐社会"的调查显示，我国八成以上的民众认为"微笑"最能展示一个地方的和谐程度。每年5月8日的"世界微笑日"，让每一位地球成员放慢脚步，静观周遭美好的事物，凝神谛听天籁，让紧绷的脸庞苏醒，皱紧的眉头展开，让微笑在脸上绽放，溶解人们彼此之间的严霜和冰寒。

可以说微笑是世界通用的语言，它同阳光、空气和水一样重要。到了一个陌生的国家，你可以不懂他们的语言，但你不可以不会微笑，因为微笑是人与人之间沟通的桥梁。

所谓"回眸一笑百媚生"，世界上再没有一种比微笑更具魅力的语言，会让人怦然心动。

蒙娜丽莎的微笑倾倒了无数人，那是一种胜过任何语言的微笑，具有一种摄人魂魄的力量。

公共汽车上，你无意中踩了别人的脚，你只需轻轻一笑，一句微笑中的"对不起"，便会让愤怒全消。

马路上，你的伞刮了别人的衣服，你淡然一笑，对方便会毫不介意。

看演出的时候，你的一个微笑，可以让演员感到无比的快乐；谈判的时候，你的一个微笑，可以和对方化干戈为玉帛。

微笑是人类最美的语言，具有无穷无尽的魅力……

微笑，是一种心境，是宠辱不惊，花开花落的豁达；

微笑，是一种风度，是气吞山河，海纳百川的大气；

微笑，是一种真诚，是以诚相待、心底无私的坦荡。

对着朋友微笑，那是一种热情；对着亲人微笑，那是一种挚爱；对着陌生人微笑，那是一种善良；对着仇人微笑，那是一种大度。

微笑，是强者对人生最完美的诠释；微笑，是从从容容的人生态度。微笑是人类最好的名片，谁不希望跟一个乐观向上的人交朋友呢？一个懂得微笑的人，生活中总是获得比别人更多的机会，更容易获得成功。

"只要心是晴朗的，人生就没有雨天"。生命，有时只需要一个甜美的微笑。

就让微笑成为一缕温暖的阳光吧，温暖你、我、他，温暖我们人生的旅程！

魔力悄悄话

我们哭着来到这个世界，但应该微笑着面对人生，尘世喧嚣，受约束的是生命，不受约束的是心情。尽管生活中有沟壑、有风雨，但人生没有过不去的坎，风风雨雨过后，依旧是晴天。哭也是过，笑也是过，我们何不给生命一个灿烂的笑脸？

独处是一种真实的美丽

生活在这纷扰喧嚣的世界，有时真的需要有自己独处的空间。可以放飞自己的心灵，什么都可以想，什么都可以不想。一人独处静美随之而来，清灵随之而来，温馨随之而来；一人独处的时候，贫穷也富有，寂寞也温柔。

可以漫步或伫立在无声的旷野上，感受一份清灵。让心灵远离尘嚣纷乱的世界，默默地体验花香，聆听鸟鸣。欣赏自然带给我的乐趣，静静地沉浸在自己的遐想中，不要谁来做伴。只有自己，而在这时我是最真实的。抬头仰望天边云卷云舒，静观世间的花开花落。让心儿随着自己无边的思绪飘飞。此时，这个世界属于我，我也拥有了整个世界。

可以捧一杯香茗，在氤氲的缭绕中慵懒地翻阅一本好书。让自己在这份难得的宁静中，去书中解读关于生活、关于情感的文字。此刻，孤独成为一个空灵的竹箫，悄悄地流淌着轻柔的曲调。可以被书中的人物打动，静静地流泪。这时的我卸掉了生活的面具，返璞归真。不带任何伪饰的成分；抑或是微笑，这笑也是甜甜的，是我久蓄于心的一份无法表达的秘密。

可以，播放轻缓的温柔的小夜曲，静静地赖在床上，什么都不想。只让自己沉浸在难得营造出的氛围里。让身心此刻回归本真，默默地享受音乐带给我的心灵的栖息。让音乐来诠释我对浪漫的渴求。

可以，在网上徜徉。让自己的感情在指尖任意地流淌。边听着音乐，边陶醉在自我的意境中。也会从别人的文字中寻找共鸣。此时的我，真正地做回了自己。没有了世俗的羁绊，真正地放松。让网络来缓解生活的压力。

可以背上简单的行囊，到向往已久的地方去。不要与谁为伴，就自己一个人的旅程，可以天马行空，自在逍遥。也许我会如孩童般地滚过一片青青的草地，找寻回儿时的天真与顽皮，也许，我会大喊一声，打破这宁静的时刻，让孤独的内心得到释放的快乐。

成长本身就是一种疼痛。成为一次自己真不容易。就让这独处的时光做回真正的自己。在陌生的地方，没人认识你。让这阳光完完全全地照亮我那些想喊没有喊出的日子吧！在这里，一人独处的时光，便是绝顶美妙的时刻！

这是我排解压抑、释放身心的方式，也是我一人独处无与伦比的惬意。

独处是一种美丽的真实！独处是一种真实的美丽。

魔力悄悄话

无论生活多么繁重，我们都应在尘世的喧嚣中，找到这份不可多得的静谧，在疲惫中给自己心灵一点小憩，让自己属于自己，让自己解剖自己，让自己鼓励自己，让自己做回自己……

忧伤也是一种美

浪漫的冬季，阳光灿烂，每天沐浴在阳光下，不知怎么心情却莫名的低落、忧伤！也许是家庭的原因，工作的压力，生活的烦闷……

时间真的如流水，不管我们愿不愿意长大，它总是一如既往地向前奔流着，不知是何时，我们稚嫩的脸上有了成熟，不知又是何时，青春的脸上留下了许多岁月的印记。

岁月的无情，生活的磨炼，一点一点地改变了我们的容颜和我们的心，曾经如清泉似的双眼看世界再也不是一幅美丽的画了，天真渐渐地被挤进了心中最底层。

每个人的生活，都不是完美的，所以，每个人的生活里，都会有或多或少忧伤的时候。

常常喜欢在安静的午后，或者寂静的夜晚，一曲曲伤感的音乐反复地听着，一篇篇伤感的文字反复地读着，静静地把心交给这一场忧伤，在忧伤里沉醉，在忧伤里思索，在忧伤里体会另一种别样的真实的美丽。如今，疲惫的心承受着许多生活的重荷，在岁月的路上不停地奔走，在风与雨的交替里，努力向自己设定的理想目标进发，向人生所谓的高度不断攀登。

曾几何时，总是希望自己与快乐为伍，与开心为伴。可是当忧伤袭来之时，才知道自己原本对快乐就是一种奢求，快乐总是伴着忧伤不期而至。快乐是抹不掉的，忧伤是挥不去的。

都说"乐观是一种美丽"，其实忧伤也是一种美丽，一种最真、最纯的美，是一种狂风过后平静的美，是一种经历过后沉静的美，是一种至情至性的美，是一种成熟的美！懂得忧伤，懂得伤感，情感才丰富，情愫才温馨，心境才美好。忧伤，是生活中的绿叶，常常会在不经意间点缀着生活的美丽。繁忙之余，忧伤过后，仍然喜欢写一些字，让自己与心灵永远有着亲密的接触，让日子因精神的充实而美丽，让思想因文字的流动而饱满。

魔力悄悄话

忧伤，虽然有一点点伤感，一点点痛楚，一点点寂寞，但仍然以其独有的美丽，在生活里，在生命里、诠释着人生中精彩的片断。拥有忧伤，珍视忧伤，人生路上，情感定会丰富多彩，生活定会精致而美丽！

孤独是一种宁静的美丽

孤独是一种真实的美！在卸下外界的无奈、疲惫和郁闷时，寻一处安静的空间，或是在心里开辟一方宁静的港湾，让心灵远离尘嚣纷乱的世界，让自己陶醉在悠扬的乐曲声中，或是沉浸在喜欢的文字中，感受文学语言的魅力；或是倚窗凭栏，仰望天边看云卷云舒，默默地感受沁人的花香，聆听鸟儿的欢鸣，欣赏大自然带给的乐趣；或是静静地沉浸在自己的遐想中，不要谁来做伴，只有自己，而在这时我是最真实的。真实地感受到孤独是一种境界，是一种美丽。

孤独不是寂寞，也不是无聊。懂得孤独的人，会在忧郁的意境中，享受孤独。懂得孤独，则是在静谧的夜晚，万物尘埃落定之后，心境和夜色融为一体，没有一点点脂粉装饰，清澈如水，在安静中品味自己的孤独，轻轻掀起几丝陈旧的柔情，将自己的思绪沉浸，宛如飘忽在空中，只有月亮和我做伴，只有星星对我眨眼，轻云与我微笑！夜幕中，传递着我的静美；轻风里，饱蕴着我的柔情，在黎明到来之前，悄然地把遥远的梦点燃，绽放在无人的空间，微闭双眼，享受一份纯净，一份恬淡，仿若一切都已释然在孤独寂静中。

喜欢孤独的人，多愁善感，伤着自己的伤，痛着自己的痛，把自己沉浸在灰色世界里，在记忆中慢慢爬行，在岁月里慢慢折腾，将自己忧郁受伤的心慢慢抚平，慢慢变得温柔淡定。这样的孤独，不仅不能带来静的美丽，反而在孤独中，让自己的心绪更寂寞、更寥落，孤独的文字中，往往会挖掘出从骨子里带有的淡淡忧伤和寂寞。那寂寞的美丽便是，一种心灵的超越和解脱，一种无言的朦胧和美丽，一种最真的宁静和从容。

美感——窗含西岭千秋雪

生活中的不满，世间的无奈，为一些无关紧要的世事烦忧，逐渐将自己困扰在幽怨的空间，走不出，更不愿走出，在孤独中悲观、愤怒或感动！晨雾弥漫，寒意朦胧，这样的孤独如清冷的季节，虽有些冰冷的悲哀，却也有种莫名的喜欢，如花落时，在心底残留的暗暗幽香，慢慢品尝凄楚中的美丽与芬芳！慢慢在宽容平和的心境中，铭记着花开的灿烂的瞬间。喜欢孤独，更喜欢在孤独意境中找寻属于自己的快乐。

一杯浓浓咖啡，一段幽怨乐曲，伴我走进书的情节，或在我笔下，流淌出一串串动听的音符，敲打出一个个快乐精灵，带着温柔气息，我心淡然，我心陶醉！此时，将所有的不悦与伤痛，在孤独的夜晚，沉淀在湖底，没有惊涛骇浪不会荡起涟漪，没有谁能改变最初的梦想和向往！只留一份淡淡的忧伤，修复自己日渐粗粝的灵魂，使自己依旧温婉和悦，修炼一份从容、健康心态。

魔力悄悄话

孤独是宁静中的如痴如醉，在孤独中，让自己知道，远离世俗的浮躁，固守心灵的清高。外面世界的嘈杂，没有我的容身之地，喧闹中不会有我的身影，尘世的繁华也不再属于我！我喜欢在自己的天地里轻吟，在文字中放飞自己的思想，在恬静的空间里，让心儿随着自己无边的思绪飘扬，在宁静中享受孤独，在孤独中享受宁静……

快乐最美丽的底线是知足

有一种快乐叫知足。

知足的人，从不抱怨生活中有太多的磨难；知足的人，懂得阳光总在风雨后，总是以一颗坦然的心去面对一切；知足的人，总是与幽默相伴，有一张阳光灿烂的脸，面对重重坎坷，善于春风化雨、风轻云淡。

老子曰："知足者富，强行者有志。"

从某种意义上说，知足是人的一种心理状态，是一种理性思维后的达观和开脱，是人们对已经得到的生活或者愿望感到满足的一种精神体现。

人生在世，人们往往为名利所累，忙忙碌碌，争强好胜，尔虞我诈，钩心斗角，因此，才多了许多烦恼。其实，细想想，人生短短几十年，名利都是身外之物，你就是时时刻刻永不停息地去追求和夺取，又怎么会有满足的时候呢？欲望是沟壑，沟壑难平，人一旦陷入，就有了不尽的痛苦和烦恼。

有一位哲人说："不知道满足的人，是多么不幸！"我们之所以感觉不幸福、不快乐，多半是由于我们的不知足……

学会知足，我们才不会为过去的得失而懊悔，也不会为现在的失意而烦恼。

学会知足，我们才能以一种超然的心态去对待眼前的一切，不以物喜，不以己悲，不做世间功利的奴隶。

宠辱不惊，乐观豁达，懂得珍惜，懂得知足，看山山静，看水水清，有了这种心态，我们才有了一份真真正正的快乐！

美感——窗含西岭千秋雪

学会做个知足的人吧，知足，会让你笑口常开；学会做个知足的人吧，知足，会让你幸福常在。

知足，是世上最美丽的快乐底线！

魔力悄悄话

中国有句俗话说：知足常乐。人生一世，有得就会有失，有对就会有错，这是改变不了的硬道理。以一种坦然的心态去面对生活，得到了很满足，得不到不强求，凡事看开一点，看淡一点，懂得健康第一，生命最重要，那么，再没有什么能让我们不快乐的了。

爱读书的女人最美丽

有这样一些女人，她们喜欢书。买书、读书、写书，书是她们经久耐用的时装和化妆品。普通的衣着，素面朝天，走在花团锦簇浓妆艳抹的女人中间，反而格外引人注目。是气质，是修养，是浑身流溢的书卷味，使她们显得与众不同。"腹有诗书气自华"，这句名言对她们是再合适不过的。

因为爱读书的女人，她不管走到哪里都是一道美丽的风景。她可能貌不惊人，但她有一种内在的气质：幽雅的谈吐超凡脱俗，清丽的仪态无须修饰，那是静的凝重，动的优雅；那是坐的端庄，行的洒脱；那是天然的质朴与含蓄混合，像水一样的柔软，像风一样的迷人，像花一样的绚丽……

对于书，不同的女人会有不同的品味，不同的品味会有不同的选择，不同的选择得到不同的效果，因而演绎出一道女人与书的风景线。

有的女人，读书是为了获取知识，增长才干，她们比较注重思想性强、有哲理、有深度的书。书提高了她们的人生境界，使她们生活得很充实。这样的女人本身就是一本书，一本耐人寻味的好书。

有的女人，读书是为了愉悦身心，陶冶情操，她们喜欢读唐诗宋词，读古今中外优美的散文，在悠哉悠哉的闲适中修身养性，铸就淡泊平静的人生。这样的女人像一首诗，清新素净非常可爱。

还有的女人，读书只是一种娱乐和消遣，或者只是附庸风雅，她们热衷于缠绵悱恻的言情故事和影星、歌星名人的花边新闻。她们比较实际，有点儿俗气，好在她们读点书，能通晓一些事理。

书能够影响人的心灵，人的心灵和人的气质又是相通的。一个人要想把自己打扮得可爱、漂亮或者具有吸引力，那就去读书吧。

读书是女人的立身之本。喜欢读书的女人，学历可能不高，但一定有文化修养。有文化修养的女人大都知书达理，处事冷静，善解人意。经常读书的人，一眼就能从人群中分辨出来。特别是在为人处世上也会显得从容、得体。有人描述，经常读书的人不会乱说话，言必有据每一个结论会通过合理的推导得出，而不是人云亦云，信口雌黄。

经常读书的人，她们做事会思考，知道怎么才能想出办法。她们智商比较高，她们能把无序而纷乱的世界理出头绪，抓住根本和要害，从而提出解决问题的方法，科学拒绝盲目；她们做的每一步都是深思熟虑过的。这些都是平时缺乏读书的人所欠缺的。

爱读书的女人很美，爱读书的女人美得别致。她不是鲜花，不是美酒，她只是一杯散发着幽幽香气的淡淡清茶，即使不施脂粉也显得神采奕奕、风度翩翩、潇洒自如、风姿绰约，秀色可餐。所以我喜欢读书的女人。

读书足以怡情；

读书足以博采；

读书足以长才。

其怡情，最见于独处幽居之时；

其博采，最见于高谈阔论之中；

其长才，最见于处世判事之际。

读史使人明智，

读诗使人灵秀，

数学使人周密，

科学使人深刻，

伦理学使人庄重，

逻辑修辞学使人善变。

用一颗豁达的心去读书，才能体味书中的微妙之处，汲取书籍中的养料。一本好书，相伴一生。从书中学习别人的优点，你将成为一个精品。

女人伴着岁月读书，读得多了，也想写自己的书。女人把生活中的甜酸苦辣，把生命中的春夏秋冬，写在纸上就有人在读她写的书了。

女人写的书，笔触细腻而温婉，思绪灵动而敏捷，字里行间，融入女性独特的精神气质和心灵体验。她们对生命过程的阐释，对生存状态的抗争，对人生价值的追求，显示出一种参与社会的责任感。如今，女人写的书，不仅女人爱读，男人也爱读。

读书的女人把大多数时间耗用在读书上，读书对于她，是一种生命要素，是一种生存方式。与金玉其外、败絮其内的某些漂亮女人相比，她是懂得保持生命内在美丽的智者。

魔力悄悄话

书让女人变得聪慧，变得坚韧，变得成熟。使女人懂得包装外表固然重要，而更重要的是心灵的滋润。和书籍生活在一起，永远不会叹息。罗曼·罗兰如是劝导女人多读些书的，读些好书，知识是唯一的美容佳品，书是女人气质的时装。书会让女人保持永恒的美丽。

成熟，最美的沉淀

成熟，最美的沉淀。

有人说，成熟是人的年龄达到一定阶段，身体形态和人体机能趋近完善的表现，是人的智力、情绪、社会适应性及心理达到的较佳的状态。其实，一个人成熟与否，并非决定于年龄的大小和社会阅历的程度，而是经过无数次人生历练后内在气质的流露。人们只有以坦诚、执着、自识了却人间的烦恼，看淡红尘的纷争，默默地自我充实、自我修复、自我完善，才能持不变心性，丰富自己的阅历，获得成熟的人生。

成熟是一种奋斗，是一种探索，是一种征服，是一种付出，更是一种生活的积累。它是人们辛劳和汗水的凝聚：坎坷的经历磨砺你的个性，使你成熟；良师的教诲陶冶你的情操，使你成熟；益友的交流提升你的人生品位，使你成熟；甚至是失败的滋味、苦难的煎熬，都会使人变得成熟起来。从某种意义上说，成熟就是人生诸多代价的发酵，它需要经历无数的生命体验才能最终获得。

成熟是一种境界，是一种胸怀。夸夸其谈、玩世不恭不是成熟；口是心非、表里不一不是成熟；自以为是、自命不凡也不是成熟。成熟的果实总是谦逊地低着头，只有稗草才会向天空高高翘起。成熟的表现是谦逊的，它不需要用张扬来标榜自己，更不需要借助吹嘘来美化自己。成熟如海，温润如玉。成熟的人，总能遇事不慌，处变不惊，这不仅是一种能力，更是一种长时间的修为所结成的必然之果。

只有怀有豁达、开朗、宽容、自律、自省、自励的美好品德，才能使人达到真正的成熟。所以，我们既要审视自身的不足，又要注重吸收他人身上光亮的东西；既要有成熟的谋略，又要有宜人的胸襟，这样才不失成熟者的风范。

　　成熟的人，不仅领悟力高，而且观察细致，对事物能做出理智的判断。成熟的人明事理，言谈稳健，举止干练，处理问题从容而冷静；成熟者的可贵之处在于使自己成为自己的主人，不再受人和自我感觉的随便奴役。有人希望在成长的过程和人生的旅途中一帆风顺，然而，岂不知那些挫折、失败，甚至是痛苦的教训，都是使你成熟起来不可缺少的经历。不经一事，难长一智，只有磨难和经历才是对你最有益的东西。

魔力悄悄话

　　成熟是可以追求的，但它的获得需要一个学习、发展、积累的过程。我们既不能将所追求的成熟作为人生的终点，也不能陶醉于自我认定的成熟状态之中，而要用理智的头脑去面对一个万象纷呈的世界，用自己坚定的人生信念，走出一个成熟的人生。

有一种美叫克制

人性中有许多美，常常滋养着我们，温暖着我们，感动着我们。

正像飞鸟需要天空，游鱼需要江河一样，人性中不能缺少这种美。

在经历过人生的风霜雨雪之后，我更加感到，有一种人性之美，必须涵养和具备。这种美，就叫克制。

克制是一种意志、一种历练，是一种节制的美、忍耐的美。大凡有所作为，获取更大成功者，一定是个有克制之美的人。一个克制力强的人，也往往是生活的强者和自己命运的主宰者。他们因克制，而保有和锤炼坚强的意志，去不断抵御和放弃各种诱人的欲望；因克制，而能做到处事沉稳，泰然自若，刚直不阿，淡泊名利；也因克制，而能有效化解意想不到和纷至沓来的纷扰和纠葛、挑战和考验。从而以优雅的姿态、从容的步履走在人生路上。可以说，正是克制，在不断收获我们人生的每一个季节。

克制是一种修养、一种境界、一种为人处世的哲学。人的一生不知要面对多少诋毁、刁难和误解，可以说，在家庭内部和同事、朋友、邻里之间，熟识的和陌生的，有意的和无意的纷争，是连绵不断的。我们"逞一时之气"，往往不仅不利于矛盾或者冲突的解决，更多的时候造成的是两败俱伤的局面。现在，因不克制，带给我们的遗憾和伤害太多，这就需要我们培育克制的品质、大度的胸怀，遇有冲突和纠纷时，不能方寸大乱，要保持应有的冷静和风范。在非原则问题上，不斤斤计较，最好的办法是超然事外、回眸一笑。克制不是一味地逆来顺受，而是处事要有一种平和心态。我们不应该拿人家的过错和别有用心，惩罚自己、伤害自己。更不应该陷入别人的圈套和口舌的沼泽，使自己成为骂街的村妇，斯文扫地。即便需要重拳还击，也是外怒内平的一种潇洒。

克制是一种智慧，是成熟人性的自我完善，恪守人生原则的自筑防线。明知欲壑难填，人的欲望不可能全被满足，何必知其不可而为之。君子应该取财有道，有道的尽管去拿，无道的弃之不惜。这个世界，是你的就是你的，不是你的，吃了最终也会让你吐出来。恪守不住这条底线，最终都会饱尝恶果。贪一时之快，逞一时之勇，结果往往是抱憾终生。要学会克制，不逾越人生的原则底线，让克制使你的人生不断地趋于平衡，让克制使你的人际关系不断地趋于和谐，让克制使你的人生不断精彩纷呈。

魔力悄悄话

克制是一种人性之美，也是人生的一剂良药。克制自己，会使我们受益终生，也会使我们变得更加强大。男人因克制会变得更加宽厚而有魅力，女人因克制会变得更加美丽而吸引人。

等待是一种美

我们都不喜欢等待,但我们总是不得不接受等待。等候排队,等候上车,等候登机,等待机会,等待成熟,等待爱情,等待幸福……

如果像叶芝那样等一个人等一生,那是何种的真爱至深。为爱等待是一件幸福的事。等待我们有重逢的时刻,更期待有相守的一生。对有责任心的双方而言,等待更是一种约定,共同地信守着这一纸爱情合约,等待开花结果的时候,我会看到等待后的幸福,而忘记等待中的辛酸。

等待是一种考验,是忍耐的考验,是成长的考验,是爱情的考验,是幸福的考验。我们每个人都避免不了犯错,避免不了迷糊,在不能选择的时候,我会等待,让时间帮我证明你才是我心中最重要的人;在等待中,我会积累,我会发现,我会感悟,用自己一颗真诚的心点亮那条属于你我真正的人生之路;在等待中,我学会安静,学会平淡,学会与世无争,学会知足常乐。你我所处的是社会大变革时期,虽然这是个鼓励抓住机会的时代,但机会仿佛总是留给一些看似在傻傻地等待着什么的人。

魔力悄悄话

等待的人并不是愚者,边等待边感悟,边等待边充实,边等待边积累,边等待边准备,在机会到来时,我们只要伸出手抓一下,抓到了就是你。看似很远,其实很近、很美。

优雅的谈吐像音乐

谈吐不凡的人受到大多数人的欢迎，因为与他们交谈，心情会非常愉悦。他们优雅的声音娓娓道来，就像美妙的音乐一样，飘进耳朵，感动心灵，令人心驰神往。

无论在什么地方，优雅的谈吐都体现出女人和男人高雅脱俗的气质和良好的修养，展现其魅力。优雅的声音是一种能量，好像磁场一样，不动声色地吸引着别人。那么，怎样才能拥有美妙的声音、高雅的谈吐呢？

1. 诚恳

诚恳的态度和亲切的表达方式是非常重要的。否则，只会显得虚伪，优雅也就没有了意义。

2. 温柔

俗话说：有理不在声高。由此可见，粗声大气地说话，一直都和美丽沾不上边，更不用说优雅。温柔地说话，娓娓道来，像高山流水一样流畅、和谐；像百灵鸟歌唱一样悦耳动听；犹如一阵春风飘进了心里，犹如一杯美酒沁入心脾，令人陶醉。说话的语调也要有所变化，要抑扬顿挫，才能让说的比唱的好听。

3. 得体

谈吐文雅，是聪明、有良好修养的表现。即使是一个非常美丽的女人，如果满口粗话，你也一定会认为她俗不可耐。谦逊、文雅的谈吐才是优雅的人的专利，体现出他们的文化素质和道德修养。

言语得体还指说话的语调、语速和内容都要注意所处的场合，如果在公众场合高谈阔论，就不是令人陶醉，而是令人侧目了。另外，言谈之中也可以适当地使用一些肢体语言，但切忌过多。多余的动作会适得其反，显得矫揉造作。

4. 感情

人都是有感情的，有感情的声音，才能感动别人。只有不想理睬、拒人于千里之外的时候，才会使用冷冰冰的话语凸显冷漠。如果要拥有好的人际关系，饱含深情的话语才会温暖心灵。做女人要善于发挥柔情似水的天性，让自己的感情形成一个磁场去感到别人。

5. 敏捷

优雅的人不会咄咄逼人，不会和别人唇枪舌剑地打口水仗。但是，优雅的人也不会忍气吞声。他们才思敏捷，口齿伶俐；善于反驳，懂得辩论；思维清晰，对答如流；有胆有识，有理有节。

6. 风趣

幽默风趣的谈吐总会让人备受欢迎。有幽默感的人是一篇灵动的乐章，他们的谈吐犹如跳跃的音符，活泼、俏皮。风趣的人肯定天天开心，跟风趣的人聊天，也会感到快乐无比。

7. 倾听

优雅的人不但言谈举止落落大方，还善于倾听。他们不会随意打断别人的谈话，也不会夸张，总是谦虚礼让。优雅的人有着良好的修养，能得到别人的尊重。

魔力悄悄话

语言是交际的工具，人们通过语言表达自己的意愿，抒发自己的思想感情；语言是一个媒介，它反映了一个人的道德情操和文化素养。所以，在言谈之中，言之有礼、谈吐不凡的人往往给你留下美好的印象；如果粗俗不堪，不避忌讳，甚至恶语伤人，这样的人只会让人反感，使人退避三舍。

属于你的独特气质

第一印象往往很难磨灭。为什么？理由是在今天这个脚步迅速、咨讯过剩的世界里，每一秒钟都有许多不同的刺激对我们进行疲劳轰炸，人脑时时刻刻转个不停。我们必须快速地做出判断，了解周围世界的各种含义，同时完成手中必须执行的工作。因此，每当人们见到你，他们立刻按下心中的快门，你的影像化成他们心中的资讯，往后很长一段时间都不容易改变。

那么，他们心中这份资讯准不准确呢？你可能很惊讶，不过答案是肯定的。

早在你张口吐出第一个字之前，你个人特质的精髓早已直冲入他人的脑中。你的外表和举止决定了第一印象的80％，一句话都不必说。

每次见到新朋友，立刻就会晓得他们觉得自己友善不友善，他们自信的程度如何，他们大约的成就有多少。光看他们的举止，我就知道这是轻量级或重量级的人物。

我们并没有特殊的感应能力。你一样也能办得到，怎么说呢？很多时候，你还来不及分析理性的想法，第六感就已经产生特殊的印象了。

研究显示，情绪的反应先发生，之后大脑才有时间分析情绪反应的由来。

因此，别人见到你的那一刻，会先受情绪反应的冲击；往后你们的关系，都以这个情绪反应为基础建构而成。

如果你想描绘一个真正的大人物——既聪明，又坚强，魅力十足，有原则，迷人得不得了，体贴又关心别人的人……

那其实很简单，只要给他们很棒的姿势就行了：抬头挺胸，流露自信的微笑，直视别人。

这就是不同凡响之人的正常形象。你可以做到吗？

魔力悄悄话

别人见到你的那一刻，会先受情绪反应的冲击；往后你们的关系，都以这个情绪反应为基础建构而成。

第三章
守候一份美丽心情

一切精美的东西都有其深沉的内涵。

——约瑟夫·鲁

美的文词就是思想的光辉。

——朗吉弩斯

美是我们所知道的最完备的东西,它包括了自然的不可企及的神秘目标。

——罗·布里奇斯

快乐没有本来就是坏的,但是有些快乐的产生者却带来了比快乐大许多倍的烦扰。

——伊壁鸠鲁

生活处处是美

随着时针的转动，每一刻，我们身边都会发生不同的事，接触不同的人，经过不同的环境。于是，我们的心情也有了开心与低落、悲伤与兴奋。

而在生命之中，无论是哪一刻，都只能出现一次，即使下一秒在相同的地点相同的环境做相同的事遇到相同的人，也不可能回到相同的时间。

既然只有一次，何不好好珍惜呢？既然只有一次，何必去纠结它的好与坏呢？伤心也好难过也罢，生命如烟花，就因艳丽而美丽。

曾经苏轼赏西湖兴作绝句："欲把西湖比西子，浓妆淡抹总相宜。"细细品味，你会发现这不是西湖的美，而是苏轼生命的优雅。

无论刮风下雨，苏轼总是能将西湖当西施来看待。所以，西湖浓妆淡抹总相宜。

夏季的雨，总是来得气势磅礴。雨后的宁静让人不知所措，笼罩的是一种忧伤，或许可以比作在人生十字路口的迷茫。雨后，既是一种全新的开始，也是一种结束。雨水会冲刷走一切忧虑，换来一片明媚的晴空。

夏季的雨，真美！

秋日的余晖投下了一个个俏丽的影儿，树叶儿便像一枚小舟，在空中翩然起舞，时而盘旋，时而上下纷飞，在生命的最后一刻尽情地演绎自己的美丽，给自己的生命乐章谱写最动人的一曲！

落叶，真美！

冬天的黄昏也毫无保留地展示出绚丽的光彩。一抹夕阳，悠悠地流露离愁的忧伤。"夕阳西下,断肠人在天涯。"游子也会在这一刻留下美丽的惆怅。

夕阳,真美!

其实生活不缺乏美,只是缺少一种发现美的心态。

魔力悄悄话

细细品味,其实生活不缺乏美,只是缺少一双发现美的眼睛。春风如慈母,抚慰着冬后田间;草儿"野火烧不尽",顶破坚硬的土壳,钻出坚韧不拔的精神,勇敢地面对新的起程。

美丽心情是人间至美

很多时候，我们心如明镜，懂得能够拥有一份美丽的心情，是人间至美。

很多时候，我们蓦然发现，心情好像一种极柔弱的东西，经常会因了自然界的风花雪月或是人世间的阴晴冷暖，而剧烈地波动着，蛛丝般震颤飘荡，无所依傍。

美丽的心情，是难能可贵的无价之宝。快乐的时候，心情恣意飞扬舞动，自信而快活，即便在黑夜中徜徉，也会绽放出如花笑颜；而一旦失却了心情的美好，陷入凄苦的境地，霎时间天昏地暗，即使身在睡梦里，也会洒落泪滴数行。

心情，它柔软而娇贵，是我们生命中不可或缺的重要组成部分。即便健康与美貌皆备，如若没有一份美丽的心情，也犹如在沙土上建高塔，清水里捞月亮，一切都无从谈起。

心情，它与我们形影不离，或许，它比影子的追随还要固守坚实得多。当光慢慢消失的时候，影子就会躲藏在深深的黑暗之中，寻不见形迹。只有我们的心情，会始终如一地牢牢附着在胸腔中最隐秘的地方，坚定不移地陪伴着我们，绝不会轻言放弃。

心情，是心田这片土地酝酿出的植物。只要我们的心脏没有停止跳动，心情就播撒着、活跃着、生长着、更迭着，强有力地制约着我们的生存状态。在我们的一生当中，可能没有爱情，没有自由，没有健康，没有财富，却独独不会缺少心情的存在。

很多时候，我们会陷进失落的境地，没有来由地感到心烦意乱……

很多时候，我们会感觉到一种无力的倦怠，正一步一步向我们逼近……

其实，就如同日升日落，心情自然也会起伏辗转。因此，我们要给心情留下些许的空隙，就好像两辆车之间的安全距离——一些缓冲的余地，以便可以随时随地地调整自己，让心情进退有据。

我们当然明白，生活的空间，须借清理挪减而留出；我们也应当知晓，心情的空间，则经思考开悟而扩展。人生宛如一副牌，无论我们手中所持有的这副牌是优是劣，都要竭尽全力把它打好，如同我们在生活中不论遇见什么状况，重要的是我们处理它的方法与态度。其实，如果我们愿意撤下心防，仔细地想一想，就不难看出生活中并非总是阴影重重，当我们选择转身面向门外的阳光灿烂时，就不可能总是被阴暗笼罩着。

心情，不是一成不变的，它天生就具备变幻多端的本领。如果你一蹶不振，你将畏葸不前和一事无成；如果你落落寡合，总喜欢孑然地面对孤灯，不愿正视苦难，只是一味地逃避，那么你将在无形中失去很多宝贵的东西；如果你昂扬向前，希望就永远微茫地闪动着，不断激励你前行；如果你百折不回，尽管生活每一次都百般压挤你，你都会充满韧性地弹跳而起，大呼一声，我又来了，并且螺旋式向上；如果你面向每一丛绿树与鲜花粲然一笑，它们必会回报你绿意与芬芳……

美丽的心情，来之不易，只有无私地付出，才有可能收获更多的美好。

当我们赠人玫瑰时，首先闻到花香的是我们自己；就好似当我们抓起烂泥巴想抛向别人时，首先会弄脏的也是我们自己的手。一句温暖贴心的话，真诚地说给别人听，就好像往别人身上喷洒香水，自己在无形中也会沾染到若隐若现的香气。因此，要想拥有一份美丽的心情，要时时心存好意，才能够心襟坦荡，明朗平和。

要想拥有一份美丽的心情，就不要在尘世琐事中与人摩擦碰撞。要知道，有些话语也许称起来并不沉重，但稍一不慎，便能重重地压在别人的心上，让他（她）喘不过气来；同时，也要告诫自己，不要轻易被别人有心或无意的话所刺伤，更不要任它们堆积在心里，形成一座山，

首先压垮自己。倒不如浅浅一笑，扬起眉，静静立住，看它们学蝴蝶蹁
跹起舞，自如地飘飞到风里去吧……

随着韶光流转，岁月迁移，我们已经慢慢忽略了太多值得珍惜的东
西，心情也自然难以明媚。光明使我们看见很多东西，也使我们看不真
切很多东西。假如没有黑夜的存在，我们便看不到闪亮的星辰。因此，
即使一度我们无法与美丽心情携手起舞，却常常与痛苦磨难狭路相逢，
也不会是全然没有价值的。它可使我们的意志更坚定，思想、人格更成
熟，更能够分清是非曲直。当风浪过后，柔甜的阳光照拂着我们，心情
变得越来越美丽，那也是一种弥足珍贵的幸福。

我们常常会不由自主地慨叹人生苦短，快乐难觅，匆忙间回眸已是
两鬓染白霜。作为平凡人，我们要想拥有一份美丽的心情，就要仔细体
味人生深厚的内蕴，慢慢地触摸生活真确的意义。虽然，我们只是天地
万物之间的一粒微尘，不能决定生命的长度，但是我们可以全力以赴去
拓展它的宽度，让我们的心情在短暂的人生中，闪耀出璀璨的光芒，常
常美丽，时时动人。或许，我们无法更改天生的容貌，但我们可以展露
真心的笑容，同样是生命里一道绚丽的风景；我们并不奢望能控制他人
迎合自己，但我们能够掌握自己的命运，选好自己该走的每一条道路；
我们无法预知明天会发生什么事情，但我们可以充分地利用今天，就不
会在明天颓然言悔；我们无法要求生活中事事顺畅，但我们可以做到事
事尽心……

能够拥有一份美丽的心情，不是因为我们收获得颇多，而是我们计
较得很少。我们深深懂得，多，有时也是一种负担，是另外一种失去；
少，并非真正不足，而是一种隐形的有余。很多的时候，我们审时度势，
选择了舍弃，学会舍弃并不意味着全然失去，而是一种更宽阔、更博大
的获得！

在生活中，要想拥有一份美丽的心情，我们应该学着豁达一些、开
朗一些。因为，只有豁达的人才不至于钻进牛角尖，也才能乐观进取；
只有开朗的人才能够做传播快乐的使者，让生活中时时洋溢着轻松愉悦
的气息。

美丽的心情，它宁静而坚定，可以蕴含人生林林总总的苦难，但绝不会被苦难轻易击碎，它是稳健向上的。

美丽的心情，它能感应快乐的如丝如弦，体会世间的每一分感动，贴合情感的每一种明艳，它是澄澈恬淡的。

美丽的心情，覆盖生命中每一个清晨与夜晚，让心灵保持明净，并且充盈着一种切实而永恒的安宁。让我们的心念意境时常保持清朗明畅，让我们的生命因此而广博，因此而绚烂！

魔力悄悄话

我们要想拥有一份美丽的心情，就要拥有一颗明澈自在的心，不管外在大环境如何变化，自己心里始终都能容纳一片清静的天地。清静无须喧闹繁杂，更无须所求甚多，能够学着放下挂碍，开阔心胸，心中自然清静无忧。

人生没有等出来的精彩

读书时看到这么一句话：人生只有走出来的美丽，没有等出来的精彩，不得不引发我的深思。每一个人从呱呱坠地开始，就迈上人生这条布满荆棘的道路，步入社会这个充满艰辛的舞台，开始扮演自己的角色；你付出的汗水，你留下的足迹，将会证明你的价值、你的存在。

世界上的许多事情充满了矛盾。俗话说，功夫不负有心人，是说你付出艰苦的劳动会有所收获。然而，现实中往往是你付出了艰苦的劳动，未必就取得回报，就算你取得了一些成绩，这些成绩是用时间和汗水与努力换回来的。

世界上没有等出来的美丽，只有走出来的精彩。每个人都从自己的原点出发，有的人走得远一些，看到更多的风景，见过更多的人，有的人走得不很远，见到一些人，看到一些风景，或许都会回到最初的原点，不同的是，沉淀下来的东西不一样。比如，人生阅历，你的视野，你的想法，你怎么样看待自己，怎么样看待周围的自然界和社会，你怎么样看待人生，你怎么样处理再遇到的人，你怎么样从什么角度欣赏再遇到的更美丽的风景。对人生的理解，有的人理解得更加深刻，有的人则还是说不清楚。

人生只有走出来的美丽，每一个人成功取决于众多因素，但最终决定者还是你自己。

孟子说："得道者多助，失道者寡助。"意思是说，如果你懂得真正的管理之道，就会有很多人忠诚地支持你、帮助你，甚至连全天下的人都愿意追随在你的身后。爱是唯一的管理之道。如果你能够懂得爱，你就能够深谙管理学的奥秘，得道者拥有的是无形资源。即使在最失意的时候，这种无形的优势，也会让得道者依旧站在高处俯看得失取舍，懂得得失的因果，取舍的辩证，而失道者一味追求得与取，最终只会迷失方向。

"赢在人品"这四个字不仅是人生智慧，而且是做人的哲学。每个人都有自己的长处，或是在社会上学习一些基本的工作技能，但这些都不重要，重要的是你的人品，你的人品决定了你事业的高度，你的人品决定了你是不是一个成功的人。成功的定义有很多，你的人品或将决定一切。

魔力悄悄话

获得人心，才是长久的人生之道，如果一个人把眼光只放在眼前的个人利益上，只为自己某好处，不顾身边其他人的利益，不顾团队，不顾周围整个生存环境的利益。那么，即使是武功盖世，本领超群，恐怕也要走向失败。人生只有走出来的美丽，赢在人品。

人最美在气质

　　人如果没有气质的美丽，那容易落于艳俗！

　　人无论怎么英雄都斗不过老天！岁月无情。人的容颜会随着时间的流逝而改变！唯一不变的是人的气质！无论男人女人气质是最重要的，气质离不开内涵，气质不是做作，气质是装不出来的。而是骨子里的傲气和修养，就是傲骨。有的人的气质是天生的，和阅历和心理状态有关，和自身的修养和习惯有关，和年龄成熟和个人经验有关。气质与财富无关，与美丽也无关，与漂亮更无关！

　　气质的心理活动的动力特征既表现在人的感知能力、记忆、思维等认识活动中，也表现在人的情感和意志活动中，特别是在情感活动中表现得更为明显。一个人言谈举止的敏捷性、注意力集中的程度、思维的灵活性，以及他的情绪产生的快慢、强弱程度，情绪的稳定性和变化的速度，意志努力的强度等，都是他的心理活动的动力特征的表现。就像我们在日常生活中总可以看到的那样，有的人脾气暴躁，易动感情；有的人冷静沉着，不动声色；有的人总是活泼好动，反应灵敏；有的人则行动缓慢稳重、反应迟钝等。这些特征都是人格中的气质特征。

　　冰心说过："如果世界上缺少了女人，就缺少了十分之五的真，十分之六的善，十分之七的美。"女人的美丽，已经被无数次地讴歌和赞美，文人骚客们为此差不多穷尽了天下的华章。美丽的女人人见人爱，但真正令人心仪的永恒美丽，往往是具有磁石般魅力的女人。那么，什么样的女人才具有魅力呢？三个字：气质美。

　　女性的气质美，首先表现在丰富的内心世界里，理想则是内心世界丰富的一个重要方面，因为理想是人生的动力和目标，没有理想和追求，内心空虚贫乏，是谈不上气质美的。品德是女性气质美的一个重要方面，为人诚恳，心地善良，对爱情专一，是中国女性的传统美德，也是现代女性不可缺少的品德。一定的科学文化知识会使女性气质美大放异彩。因为科学文化知识既是当代女性立足社会之本，也是自身修养的一个重要方面。再者，女性的文化水平在一定程度上影响着家庭生活气氛和后代的成长。此外，还要胸襟开阔。法国作家雨果说过，比大海宽阔的是天空，比天空宽阔的是人的胸怀。

女性的气质美，还表现在温和的性格上。这就要求女性注意自己的涵养，要忌怒、忌狂、能忍让、体贴人。那些盛气凌人、霸气十足的"铁姑娘"，会使大多数男子敬而远之。温和并非沉默，更非逆来顺受、毫无主见。相反，温和的性格往往透露出天真浪漫的气息，更以表达内心感情，富有感情的人更能引起别人的共鸣。

人如果没有气质的美丽，那容易落于艳俗，再漂亮的外表也显得苍白单薄，注定会难以长久保留。外表的美总是最初的、静态的、肤浅的，也总是短暂的，似天空中的流星，倏忽即逝，没有生命力。而当别人夸你有气质、有品位、有内涵时，那才是对你的美丽的最高评价。

魔力悄悄话

俗话说："江山易改，本性难移。"其中固然有天性、性格、气质的天然属性。性格是天生的，但是气质是可以后天慢慢修养的！更重要的是靠自我的训练与充实，它很抽象而难以把握，却可能是你成功的重要条件！

从容的人生最美丽

从容的人生最美丽。

你看，大街上，一个个行色匆匆；超市里，一个个摩肩接踵；交易所里，一个个人头攒动——真是一个疯狂的世界！在这样的世界里，不心跳过速怎么可能？"静观潮起潮落，笑看云卷云舒"的闲情还有吗？"采菊东篱下，悠然见南山"的逸趣还有吗？

我们不得不承认，这个已经高度发达的社会里，对权力的觊觎，对利益的竞逐，对金钱的争夺，使得私欲不断膨胀，人性日趋沉沦，道德几近泯灭。于是，各色人等的芸芸众生，为了自己的个人目的争权夺利、钩心斗角，活得太苦、太累却又执迷不悟。

也许很多人还没有意识到，在金钱和物欲的缠绕与诱惑中，现代人已经距离从容越来越远了。

明代养生学家吕坤在《呻吟语》中提出："天地万物之理，皆始于从容，而卒于急促。急促者，气尽也；从容者，气初也。"

可是，究竟能有多少人明了"从容乃天地之理"的含义啊！

君不见大千世界里，匆匆的脚步中，隐藏着多少现代人的忙乱与躁动。无尽的奔波，不息的争夺，永远的追逐。即使偶尔停下来的脚步声里，也有太多的无奈！

就是在这种忙乱与躁动中，我们现代人都已经失去了做平常人的趣味；就是在这种忙乱与躁动中，人们变得越来越狂乱、骄横、偏执、自私、冷漠。

从容丢失了，原本应该澄明的灵魂变得混沌一片！

尽管如此，不经历人生的历练，不经过智慧的熏染，要做到从容，何其难也！

因为从容是一种心态，也是一种境界。

曾几何时，当我们还在人生的旋涡里挣扎，为工作而废寝忘食，为事业而绞尽脑汁，被世俗、人情、关系弄得身心俱疲，就该反躬自问：这又何必！所以当跳出这个旋涡后感觉如释重负，轻松了许多。从容地仰望蓝天白云，从容地俯视世间万物，是一种前所未有的空阔辽远的心境。

魔力悄悄话

历尽沧桑的朋友说："我感到现在特别幸福，因为我有可爱的孩子，有舒心的工作，有热情的同事。我活得很滋润、很从容。"说这话时，脸上洋溢着灿烂的光芒。是啊，从容的人生才是最美丽的。

平凡的日子最美

　　怀着一颗悠然的心，让心窗看到人生的美景；品一曲高山流水，让心灵走向沉静。人生平安就是你我之福，何必太多的计较？放松自己的心灵，回归自然，世界那么多的美丽，那么多的快乐，何必让忧愁、烦恼独居我的心房。平凡的日子最好、最美。

　　人的一生就是一条没有回头的路，磕磕跌跌一直走着泥泞和平坦交织的路，数不完的坎坷，但也有看不完的风花雪月。有人把所有的抑郁埋在心底，只会让自己郁郁寡欢。如果把内心的烦恼告诉自己的知心好友或师长，心情会顿感舒畅。打开心窗，阳光倾泻，让心灵变成风筝自由飞翔，俯视那一幅幅人生美景。

　　舒畅的心情是自己给予的，不要天真地去奢望别人的赏赐。舒畅的心情是自己创造的，不要可怜地乞求别人的施舍。快乐不是靠外来的物质和虚荣，而要靠自己内心的自强。

　　你微笑的心灵就可以和别人架起桥梁，一起观看窗外生命的美景。

　　一个人只有心存美的意象，才能看到窗外的美景。命运对每一个人都是公平的，就看你能不能以一颗坚强的心、一双智慧的眼，透过岁月的风尘寻觅到辉煌灿烂之星。

魔力悄悄话

　　摆正自己的心态，你便会在一个愉悦轻松的环境中生活，你感觉到每天阳光灿烂，从而能完全地放松身心，享受那美好的人生。

心灵美才是真的美

也许你没有漂亮的脸蛋、完美的身段；也许你没有超脱的气质、良好的家庭背景，请你不要烦恼。

只要你拥有一颗美好的心灵，你就会拥有吸引别人的魅力。因为蕴于内心深处的美，才让人真正地折服，才可以历久弥香。正所谓"腹有诗书气自华"，你不必因你的外表不足而计较什么，真正的美是自内而外的。

然而，当今社会，各色的化妆品、美容店、整形医院层出不穷。不少人费尽心思去改变自己，渐渐地忽略了自身的内在修养。我们生活在太平盛世里，经济条件好，基因自然也跟着好，一代比一代娇俏，一代超越着一代；一代比一代缺乏人情味，一代比一代时尚前卫。正所谓"人不爱美天诛地灭"，人都是视觉动物，形象很重要，头可断，血可流，造型不可乱。

注重外表可见一斑。

听说，没有涵养的人，往往以光鲜亮丽的装饰来掩饰自己内在的不足，说得也不是没有道理。

人都是有缺陷的。她，长得漂亮，身材好，言行举止却很是招人厌恶。

她，相貌一般，口才却是一流。

她，身体残疾，却满腹经纶……

上天是公平的，关了你的一扇门，却为你开启另一扇门。

现在都流行学外来的。外来的优点我们可以学，但是太过于热衷就会失去初衷。世界多样化了，我们的心不要跟着也"多样化"了。

无论社会怎么走，外来学术有多渊博，服饰有多时尚，我们都要爱自己的心灵，呵护我们这颗易受污染的心，不要让黑暗、腐朽的东西沾染了。

魔力悄悄话

也许，生命的价值不仅表现在强大的财富、绝美的容颜、曼妙的身姿、多彩的生活……更本质的是，生命是否可以超越平凡，升入更高的境地。天边彩虹的绚丽多彩我们是有目共睹的，因为只有经历过风雨的洗礼，生命才显得美丽，才能显示出它宝贵而华美的价值，才能更显示出美的真正意义所在。

欣赏使人变美

19 世纪末，美国西部的密苏里有一个坏孩子，他偷偷地向邻居家的窗户扔石头，还把死兔子装进桶里放到学校的火炉里烧烤，弄得臭气熏天。他 9 岁那年，父亲娶了继母，父亲告诉她要好好注意这孩子。继母好奇地走近这个孩子。当她对孩子有了了解之后说："你错了，他不坏，而且很聪明，只是他的聪明还没有得到发挥。"继母很欣赏这个孩子，在她的引导下，这孩子的聪明找到了发挥的地方，后来成了美国当代著名的企业家和思想家。这个人就是戴尔·卡内基。

台湾作家林清玄去一家羊肉馆用餐，老板对他说："你还记得我吗？"林清玄说："记不起来了。"老板拿来一张 20 年前的旧报纸，那里有林清玄的一篇文章，那时他在一家报社当记者。这是一篇关于小偷的报道，小偷手法高超，作案上千次，次次得手，最后栽在一个反扒高手的手上。老板告诉他："我就是那个小偷，是你的这段话引导我走上了正路。"

连小偷身上也有可欣赏的地方，连小偷也能在欣赏的引导下走上正路，我们周围还有什么人不能欣赏、不能被引导呢？

魔力悄悄话

学会欣赏别人吧！欣赏你的同事，你和同事之间会合作得更加亲密；欣赏你的下属，下属会工作得更加努力；欣赏你的爱人，你们的爱情会更加甜蜜；欣赏你的孩子，说不准他就是下一个卡内基……

感悟人间真善美

真即合规律性，反映人同世界的认识关系。善即合目的性，反映人同世界的价值关系。美即合感受性，反映人同世界的情感关系。

正义以真为基础，以善为目的，以美为本质。必须用自己的智慧和审判眼光去仔细衡量，然后才可求得理想的公平。通常情况下，善心决定善行，也就是说善人一定有一颗善心，善心决定善行，善行一定来自于善心。善心与真心一样，也是为人好的意识或思想，也就是说他们都属于"好心"，他们的区别在于"真心"的表达率直，可能还不好听、不好受，甚至还可能招致杀身之祸；但是善心的表达则比较婉转，好听和受用，所以善人往往也被称为老好人。

正如奥勒留所说："善的源泉就在内心，只要挖掘，它将汩汩涌出。"美作为对人的要求来讲，就是要求人们要做美人。什么是美人？美人就是能给人们带来幸福的人。

真善美就是要求人们要求真、求善和求美，真行、善行、美行均来自于真心、善心和美心。所以具有真心、善心、美心，真善美，是一个人实现自我完善的标准。

魔力悄悄话

美来自哪里？美来自钟情，来自渴求，当人们的渴求获得了满足，人们就可以获得幸福，所以美的享受就是幸福的享受。

第四章
恢复美感的本能

追求美而不亵渎美，这种爱是正当的。

——德谟克利特

一个人的美不在外表，而在才华、气质和品格。

——马雅可夫斯基

我所理解的"美"，是各种材料——也就是声调、色彩和语言的一种结合体，它赋予艺人的创作制造品——以一种能影响情感和理智的形式，而这种形式就是一种力量，能使人对自己的创造才能感到惊奇、骄傲和快乐。

——高尔基

完美之爱

　　在人类文明的基本价值——真、善、美三方面，当论及素养这个问题时，是很近似的。人类都有追求真实的本能，以真诚为美德是一种普世价值。

　　但是在"真未易明"的情况下，人类自原始时代即逐渐被巫、鬼的信仰文化绑架，成为迷信的奴隶。科学的精神只在非常有智慧的圣人心中传承着。即使在科学昌明的今天，世上仍有一部分人沉湎在迷信中而不能自拔。在某些地方，民间的迷信为恶人所乘，时有大学毕业的女生被神鬼蒙骗失身的消息。可知摆脱迷信的羁绊不是一件容易的事。

　　完美之爱给彼此以生命的活力；在爱中，每个人都愉快地接受爱，又自然而然地奉献爱；由于这种相互幸福的存在，每个人便会觉得世界其乐无穷。但在一种并不少见的爱中，一个人汲取着他人的生命之精华，接受别人奉献出的爱却毫无回报。

　　有些生命力极强的人就属于这一类型，他们从一个又一个牺牲品那儿榨取生命，使自己壮实起来、得意非凡，而那些他们赖以生存的人则日见消瘦、颓废、意气沉沉。这类人把别人当作达到自己目的的手段，而从不认为他们是目的本身。在某一时刻，或许他们认为自己是爱那些人的，但从根本上说，他们对那些人毫无兴致，而只关心能大肆宣扬其活动的、也许是毫无人格的刺激物。不言而喻，这是由他们本性中的某种缺陷造成的。但要对此作出诊断或医治，并不是一件容易的事。这通常是与极大的野心相伴随的一种特征。我认为，这种特征源自于这么一种观点，这种观点对什么使人幸福具有极其片面的认识。彼此真正关怀的爱是真正的幸福的最重要因素之一，它不仅是彼此幸福的手段，也是共同幸福的接合点。一个人,无论他在事业上的成就有多大,如果他把自己封闭在铁墙之内而无法扩展这种彼此关怀的爱,那么他便失去了生活的最大快乐。

魔力悄悄话

1950年诺贝尔文学奖获得者罗素被称为"20世纪最伟大的智者"。爱因斯坦说:"阅读罗素的作品,是我一生中最快乐的时光之一。"每一个有良知和热爱智慧的人,都能从罗素的著作中获得思想的启迪和精神的享受。人生在世,谁也离不开别人的帮助与爱。爱,是"受",更是"授"。爱像银行存款,只有不停地存进去本金,才可以长利息。我相信美好的世界就是这样的,你给人七两的爱,别人会还你一斤的爱。

通向性灵的美

美，自古以来就有高尚的美与流俗的美。通向性灵的美，我们视为高尚，那是真美；通向快感的美，我们视为流俗，那是假美。真美常常被假美所掩遮、所混淆，所以真正保持爱美本性的人并不多。其实在高尚之美的范畴中仍有些分歧，所以美学家们争论不休地去为美下定义，在此我们暂存不论。

先举一个例子：一只咖啡杯是一个生活器物，应该有美观的造型。这个造型，包括它的式样、表面质感与实用性，表达出美的精神，使我们感到愉悦。除此之外，没有其他目的。这就是正当的高尚的美感。可是杯子的制作者不会到此为止，他会在上面刻或画些东西，因此趣味就转移了，这就是装饰。

装饰足以吸引我们的眼光，而且花样多，不可避免地夺走了杯子原有的美感。最理想的装饰是强化原有造型的精神，也就是提升其美感。这就像在美味中加点提味的佐料。在西方 20 世纪初的"新艺术"时期，很多装饰就是按照这个原则做的。美国大建筑师莱特的有机建筑理论在建筑装饰上用得很多，大多是强化建筑原有的精神。这样的装饰大多是图案性的，形象的使用是点缀，因此装饰只会强化主体，不会夺去主体的风采。

在杯子上画画，情形就完全不同了。凡是画了大家喜欢看的画，大多属于世俗之美，因为不迁就流俗不足以吸引购买者的注意力。进入画的领域，天地就辽阔了。在杯子上我曾看过床戏，至于裸女之类是很平常的。当然，可爱的女孩子、童子与美丽的花朵，都可能是题材，甚至也有高雅的山水画与名家的抽象画。可是，希望借绘画的力量显示杯子的美、会令人忘掉杯子的存在者，都应该是假美。以画的内容通向快感的尤其是美感的敌人！

中国古代的音乐中，受到士大夫称赏的，是今天我们所知道的雅乐。真正的雅乐早已被我们忘了，只在日本还保留了一些。那是些简单的韵律，发之于简单的乐器，呈现出节奏、和谐之美，激起高尚的情操。可是音乐到了民间，就与酒家的娱乐混为一体，成为助兴的工具，它的美感就被利用来促进快感。所以古代圣人要大家远离"郑声"，是恐怕大家被它的淫荡的乐音所蛊惑而失掉神智。

魔力悄悄话

凡是被利用的美都是有目的的美，就不是真美。这是大哲学家康德花了不少口舌所告诉我们的基本道理。

恢复我们的审美能力

聪明的读者可以了解，由于我们的美感本能很容易为繁复的添加物所蒙蔽，为了恢复我们的审美能力，首要的就是除去这些添加物。这就是为什么近年来很多人提倡减法美学的原因。减法就是先除掉多余的东西。使用减法，可以不必辨别哪些添加物是好的，哪些是坏的，先回到最素朴的状态再说。比如我们使用一个纯白色的杯子。

一个真正的美人最好穿最朴素的衣服。古人说"女要俏，一身孝"，就是指穿白色衣服的女孩子最能显出她的美。因为衣着无色，人们才注意到她的身材之美，她的面容之美。如果穿着五颜六色、装饰华丽的衣服，她的美反而不容易显出来了。这就是西方婚礼中的新娘子要穿白色婚纱的缘故。中国古式的婚礼中，男女都着多彩红底的盛装，其象征的意义大过美的意义。

魔力悄悄话

减法美学中的减法要减到什么程度呢？最好减到一无所有，也就是自零点重新开始。

在简单中发现质感的变化

20 世纪末，有所谓"极简"的观念产生在建筑与艺术界，就是要回到本源，以明心见性。在中国道家的思想中，这就是无的境界。正因为无心，真性才会呈现。我们面对一堵白墙壁，似乎空无所有，上面没有任何饰物，开始时你会觉得空洞无物，既无美感也无丑感。看得久了，你会发现即使这堵白壁也会使你有感觉，甚至使你感动。

你会发现白壁有大小、高低、宽窄的不同，轮廓会很明显，尤其是几面白壁在一起的时候，它们之间会有比例与组合的问题。中国台湾的传统建筑的山墙常常是一面白壁，顶端是人字曲线，中央是或尖或圆的收头。它默默地承受日光的照射、风雨的侵袭，好像一张白纸，听任大自然在上面涂抹，但只有非常敏感的人才能在上面发现无言的乐章。在早上阳光初升起时，可以看到一抹金黄扫过，带来几分欢笑；下午夕阳西下，白壁呈现灰青的调子，带来几分忧郁。小雨中，粉壁着水出现水迹，壁面忽地呈现变化，质感更加清晰了。长时间的冲刷，尘埃就是淡彩，粉壁呈现时间的痕迹，甚至可以用多姿多彩来形容。

如果你开始喜欢白壁的美，可以到大陆皖南走走，那里有白壁组成的乐章。中国的江南建筑群是白壁的组合，徽州建筑为其中之最，层层叠叠的白壁，各种形状的白壁，足以让人流连忘返。岁月冲蚀的痕迹使白壁白中带灰，就是徽州建筑之美。灰瓦的屋顶则是白壁的勾边。

是的，在简单中才能发现质感的变化。因为是白色，才会介意它是反光的还是暗光的白色。象牙白有温润的感觉，油漆白的亮光有时会刺眼，白，也有一系列的白。你依照自己的体会，慢慢提高敏感度，会发现极简中的丰盛。你会感觉到，只要有墙壁，有光线，有空间，就已经

很丰富了。如莱特所说的，绘画与雕刻都是多余的。

接受了白壁之美，就可以开始增加元素，比如在壁面的某部分使用砖砌。中国台湾的壁面使用红砖，大陆多使用青砖，色感不同，各有其长。要点是墙壁上多了一种材料，就出现组合的问题。砖可以做白壁的墙基，可以做边柱，也可以做顶上的收头。可以用得多，把下半段全用斗子砌墙，只留上半部为白壁，也可以用作点缀，只做勾边。现代的组合千变万化，就产生了创造问题。组合就是构图，是美感的重要课题。元素越是增加，构图的方式越多样化，美感的范畴也越广大，越不容易掌握。对初学者来说，以自少到多逐渐增加，以在自己的掌握之内为度。

魔力悄悄话

有些人的个性永远停留在极单纯的美上，以比例、质感与色感为范畴，但总不能避免在白壁前放一张桌子，或在上面挂一张画，这就免不了涉及构图之美的问题。

清洁是美感的初级阶段

清洁是美感的真正初阶。这对于出身贫苦的朋友们是一大考验，因为在生活中是否能排除脏乱，是一个自小养成的习惯问题。小时习于杂乱，再去学习清洁整齐的生活是需要一番努力的。在国民政府努力提倡新生活，希望改变民众的贫苦的生活方式时，有"青年守则"十项，要下一代遵守，其中一项是清洁，但仅视其为健康的基础，没有想到美感的培养。其实清洁在身、心两方面都有极大的影响。

在古代，一个清贫的读书人所能做到的，就是窗明几净。他也许一无所有，但如能做到窗明几净，就可以进入美感世界。通过明亮的窗子可以看到外面的大千世界，树叶的绿色会特别明亮，云霞的流变会特别动人，自然的一切景色都是灿烂的、美丽的。一个简单的台子如保持干净，都能显现木质的朴素的美感，可以沉淀自己的心思，擦亮自己的心镜。所以古人的学堂生涯，开始时就要学着洒扫，把环境弄清洁，然后才是学习应对处世之道。

抬头看看世界，东方民族中以日本人最爱清洁，他们也是最注重美感的民族。日本与我们有世仇，但不计仇恨，可看到他们的生活是以简单、清洁为主调的。他们不重视壮观的空间，与中国和西方比较，住宅大多狭小，但因为小，所以与身体较亲近，也越需要清洁。住宅内用席为尺度来安排房间，睡在席上，不必太多家具，只要把地板擦干净就好了。吃也很简单，餐具种类少，可以讲究些。但虽只是普通的碗、碟，也是陶工努力做成的，都很可贵。日本在接触西方文明之后很快工业化，而且可以制造出超过西方的产品，就是这种以清洁为基础的美感所促成的。

在西方文明中清洁是普遍的价值，近世荷兰这个小国的人民最爱清洁。荷兰在 16 世纪后突起，成为不容忽视的进步力量，与此不无关联。现代主义时期，欧洲的先进观念，凡涉及简单与美感者，大都与荷兰有关。范·杜斯伯的块状组合观念，密斯·范·得罗的简单造型，都是现代造型美学的宗师，与荷兰文化息息相关。这都是因为：清洁为整齐之本源，整齐为秩序之动力，秩序为求和谐，为美感的基本要件。

魔力悄悄话

干净清洁的事物会让人的心境不一样。看到美丽的、干净的东西，我们的心情自然会舒畅很多。

物质的构成之美感

一般人总认为美是一种感情的反映，与理性无涉，有人甚至认为理性是美感的障碍。其实这是错误的。什么是美感？是心情顺适、愉悦之感而已！使我们产生美感的事物，必须满足两个条件，其一是顺眼，其二是顺心。顺眼是指合乎我们前文所讲的一些美感条件，也就是视觉愉悦的原则，顺心则是指合乎潜在的合理的原则。为什么是潜在的呢？因为这些原则只存在于我们的常识之中，是一种直感，而不是知识。

举一个例子来说吧！中国古人常说一个美女的身材"多一分则太肥，少一分则太瘦"，以描写她肥瘦合度。真的，我们确实都有这种能力来品评女孩子的身材，但要我们说出个道理来，恐怕很少人做得到。然而怎么知道这是理性的判断呢？因为肥瘦合度指的是该肥的地方肥，该瘦的地方瘦，如果肥在肚子上，瘦在胸脯上，我们可以接受吗？作为一个雌性的生物，胸脯的乳部要肥，腰肢要细，才是健康、可以养育儿女的女子。我们不必成为生理学的专家，上天就赋予我们这种理性判断的能力。

由于这种理性是以直感的方式出现在我们的判断之中的，所以是人类天性的一部分。有时候，顺眼与顺心是无法分辨的。可是当美感经由文明的陶冶，进入人文的领域，用来判断生活中所见所闻的人造事、物时，就不能不把两者分开了。特别是当我们要创造一些物件来满足我们对美感的需求时，理性的部分是极为重要的。因为这一部分在自然物中是上天赋予的，不需要我们担心。

理性的美感大体说来是指两点：第一是物质的构成，第二是合目的性。让我分别加以说明。

一个物件必然是由材料制成的。比如，做一个杯子，为了盛茶水，一定要用一种不会被水溶化且不漏水的材料制成。没有人用一般的布料做杯子，因为它无法"盛"水；不会用泥做杯子，因为会溶掉。可是把泥土用火烧过就可以了，所以最早的古人就发明了陶器。直到今天，陶仍然是适用的材料。在使用陶器之前，我们很难想象人类使用什么器皿饮水。陶器之外，木材可以用来做杯子，可是木制品要凿成，工具不易。所以使用木杯可能是在陶之后了。

物件之存在，材料之外就是制作，制作无方是不成器的。为什么陶器予人那么自然的感觉？因为制作的方法是人人都想得到的，我们都有玩泥巴的经验。木杯的制作就在大多数人的经验之外了。本来最原始的不透水材料是石材，为什么石器时代没有发明石杯呢？就是因为没有制作方法。直到今天，石杯都是不易制作的，做水槽等大型器物则比较多见。

陶器使用了几千年，但仍然很粗糙，贵族们开始讲究美观，在金属工具成熟后，就用木材制杯。所以中文的"杯"字是木字旁，因为木杯制作比较工整、轻便。可是太工整了就会因壁薄易渗漏，不合实用，所以我们的老祖先才发明了漆器。从战国到汉代，木胎漆器是很精致的器物，流觞是其中之一。直到陶器进步到瓷器，可以登大雅之堂了，木制漆器才慢慢在中国淡出，继续在日本流传。

在小型物件上，只看材料与制作就可以了。展现出来的材质之美，专业的名词称为质感。一个日本式的陶杯有粗质的表面，自然凹凸的杯壁，但不令人感到粗鄙，就是因为这种粗陶素朴的美是由粗糙而自然的材质所造成的。这种质地原是乡间使用的粗陶的特色，乡下人并不以其为美，进入文明社会，有高度自省能力与美感素养的人才认识这种朴质的美感。中国的陶瓷到了宋代，因发明了光亮晶莹的瓷器，有教养的阶级放弃了粗陶的美。这种素养保留在禅寺里，流传到日本，直到今日。但原味的粗陶仍在中国的民间使用到第二次世界大战前，战后在台湾地区仍找得到，曾为外国人收藏。日本禅寺传统的粗陶茶杯，由于升级为艺术品，反而有些做作，少了些自然韵味。

大型物件的物质构成，在材料之外还要注意结构与构造。建筑就是

最好的例子，必须有工程师的计算、匠人的手艺，才能安全地竖立起来。一般人都认为结构工程是艰深的科技，不是我们所能了解的，似乎无关于美感，其实不然。结构是静力学，它的原则是我们可以感觉得到的，因为静力学主要面对的问题是地心引力。生活在地球表面的我们，不论是我们的身体，还是我们所经营的环境中的造物，都必须抵抗地心引力才能稳定地站立着。如果没有锐敏的反应，我们怎能两只脚着地，不但可以站立，还可以跑、跳，而不会跌倒在地呢？可见我们的身体有能力感受到地心引力，而且可以自然、灵敏地反应，在动态中保持重力的平衡，在重力的场域中生活得很愉快，如同鱼儿在海中游泳一样轻松自然。

把这种感觉投射到对物件的感觉上，确实要有一些素养。可是上帝赋予我们本能，把自己身体的稳定感投射出去，使我们对不安全不稳定的结构，可以迅速反应，而感到不安以躲避危险。不安定感是无法与美感同时出现的，所以反过来说结构的安全感是美感的必要条件。

当代建筑设计非常强调惊奇感，即自反面用结构的不稳定感来刺激观众的神经。这样会不会增加美感呢？这一点是见仁见智的。如果我们用老一辈学者的说法把美感与快感分开，可以说惊奇感带给我们的是快感，稳定感带给我们的是美感。美感是愉悦，快感是痛快。

魔力悄悄话

今天的人类神经的敏感度降低了，愉悦的感觉逐渐麻木，非刺激不足以引起兴致，所以美感慢慢要与快感混为一体，分不清了。话说回来，不论是自稳定感所得到的美感，或自惊奇感所得到的快感，都需要身体感觉的投射，因此都是体感的延伸。

功能的美感价值

说到这里，可以连接上"合目的性"的意义了。所谓合目的性，就是指一个物件必有其存在的目的，它的存在价值在于是否能完善地达成这个目的。所以当我们看到一个物件时就会自然地联想到它的目的，凡此物体的外形使我们感觉会达成所预期的功能时，我们就会有顺心之感。反之，我们就产生很多怀疑，甚至烦恼。怀疑与烦恼正是美感的敌人，它们妨碍了理性思维的顺畅。

一个物件的功能仔细分析起来也是科学。在这里，我们所说的是感觉。功能的理性转变为感觉的过程与前文所说的材料是相同的。

再回到杯子吧。在人类文明中，杯子文化发展到后期是以中国瓷器为主轴的。难道没有其他材料吗？有的，在考古发掘中，金属的杯子是常见的，特别是在王室、贵族的墓葬中。金、银等贵金属做成的杯子很适合他们的身份，可以有优美的造型与雕饰。中国的唐代受西方影响，在这方面也有不少发展。为什么这样高贵的东西却被放弃，为瓷器所取代了呢？

非常简单的理由就是手感。我们都知道材料的导热系数不同。金属导热快，因此温度过高的饮料容易烫手。不但烫手，而且不敢近唇。由于这个理由，我们看到金、银质的杯子时，除了生出高贵感与价值感之外，没有美感。相反地，瓷器的传热功能比较合乎人性，可以配合手的温度，而不只是表面光洁悦目而已。

手感与美感最为相通的是玉器。中国人自古以来就知道玉是最温润的材料，握在手中有温暖的感觉，因此与人格产生联想，形成中国特殊的玉文化。在玉器最受重视的周代与汉代，玉杯少见，是因为玉是稀有的材料，制作很困难，所以以制作饰物与礼器为主。今天所见到的玉杯也是所谓的礼器，并不是平常使用的。可是中国人念念不忘玉的手感之美，到北宋就用瓷器来代替，所以宋官窑的美感有大部分是温润的青玉之美。

在大型的物件上，功能的意义更为明显，所以应用艺术的美感通常建立在功能上。我们在前文举女性之美为例，胸大与臀宽是利于生养子女的象征，也是建立在功能上的判断。有时候由于风尚，流行女性弱不禁风，全身瘦小、柔弱，那不是健康的美感，是文学之感动，如同林黛玉的悲愁惹人怜爱的感觉。这类女性之美大多靠衣物与姣好的面貌来赢得同情。

家具的功能与造型的关系最为明确。在传统的社会，起、坐都是礼仪的一部分，因此中国座椅"正襟危坐"的意味非常浓厚。如果不懂得古人怎样落座，要欣赏明式家具中的座椅就非常困难了。那时候的人知道怎么细致地表现出部件的手感与美感，同时保留社会的意涵。所以今天很少有人去坐这种椅子，大多把它们当古物保存、欣赏了。西方的椅子在洛可可时代之后才大有发展，主要是因为女性主导的生活方式中有了舒适的观念，不再强调男性的威严。沙发的软面因而产生，木做的曲线形与装饰，乃至金色的使用才被普遍接受。到今天，这种仿古家具在富有阶层还是很流行的，这是一种享乐的语言。

到了现代主义流行的时期，椅子设计成为著名建筑师的副业。他们一方面希望家具与建筑相配，另一方面希望家具造型与功能相结合，椅子设计因此要自对坐姿的研究开始。日本人为这种研究专业起了一个名字，称为"人体工学"，顾名思义，就是研究人体这种工程的学问。人体是一种产品，怎么使它减少生活中的困乏是需要研究的。经过这一段努力，家具就融入生活了，有几种造型美观又非常舒服的躺椅，是古人所不敢想象的。

到了后现代，情势又改变了。现代家具继续为大家使用，但后现代的建筑师不在乎功能，而特别注重外形的象征，设计了一些只能看不能用的家具。这是因为到了富裕的时代，居住空间大幅增加，家具慢慢变成装饰，很少被使用，富有之家愿意花大价钱买相当于艺术品之摆设了。

另一个原因是社会的价值观多元化了。在过去，所谓时代的精神代表了一个时代价值判断的共识，今天的时代精神就是没有共识，不再需要共识。这样一来，时代的错乱就成为理所当然的事。于是今人把古代的价值或造物随意搬到现在，与不可知的未来的遐想放在一起，也不会令人感到惊讶，这就是造成今天艺术乱象的原因。

为什么美感会有偏见呢？是知识缺乏的缘故。我们对异民族的文化常产生反感，是因为对他们的文化、宗教信仰或风俗习惯一无所知，因此感到怪异。外国人初到中国，对中国文物诸多批评与讥讽，但熟悉中国文化后，对中国文物又爱之不忍释手。对中国古物的学术研究是自外国的汉学家开始的。所以，美感的培养与学识是直接相关的。

魔力悄悄话

理性的美感实际是心中合理性的判断与眼睛愉快地感受相交融而产生的。理性的判断最初是来自常识，之后逐渐进入知识的领域，所以美感与知识是不可分离的。

第五章
构成之美

如果你过分地珍爱自己的羽毛，不使它受一点损伤，那么你将失去两只翅膀，永远不能凌空飞翔。

——雪 莱

没有德行的美貌是转瞬即逝的。

——莎士比亚

外貌美只能取悦一时，内心美方能经久不衰。

——歌 德

只有有耐心圆满地完成简单工作的人，才能够轻而易举地完成困难的事。

——席 勒

关系排得好就是美的组合

在感官世界中，很少有单一元素的物件。在一个物件中只要有两个部分，就有如何组织的问题出现。只要物件涉及组织，就有组织适当与否的问题，而且是美感中最基本的问题。

举例说，在我们的眼前有一个单纯的瓷盘子，我们会对它做出美感的判断。当盘子上多了一个苹果时，我们会立刻放弃对盘子本身所下的判断，转而对果盘做统合的判断。因此，一个苹果放在盘子上的位置、苹果的大小与色彩的浓淡，都会影响我们的美感判断。为了招待贵客，我们会在桌子上摆一个好看的果盘，一个苹果不好看，往往都多放几种水果。如果是一位有品位的家庭主妇，就会用几种水果安排出美的组合。果盘的水果不是吃的，是看的。要吃，另外会送上，是削了皮、切成块的水果。

果盘向来是西方上流社会的富贵装饰，有些艺术家就把它当成绘画的题材，19 世纪古典主义的绘画中可以时常看到美丽的果盘。所以绘画的题材到处都是，全看你如何安排这些东西到画面上，这套组织的办法就是"构成"，用在画面上，通常称为构图。这是生活美感的重要因素。

魔力悄悄话

人类社会的发展进步总是伴随社会分工的演变，但无论如何变化，群体中个体间的配合以及群体间的协作，始终是影响发展的关键力量。

主从关系的美感手法

构成之美自对称开始。人类的眼睛有两只，水平排列，所以要想看上去舒服，最自然的安排是对称。在传统观念中，物件多半成双，对称是当然的。在中国建筑中讲究一个中轴线，中间是正厅，左右对称安排的是护龙，也就是两厢。记得郭柏川先生带我们去台南孔庙写生时，总是在大殿前面的院落，在中轴线上画，就是尊重对称美感的意思。郭先生最著名的一幅画就是在煤山上画对称的北京故宫。

对称之美是世界各民族所共同尊重的。西洋人的宫殿自古希腊以来都是对称的，除了极少的例外，历代都是如此，如中古的教堂、文艺复兴的豪宅，直到近代的平民住宅与公共建筑，几乎千篇一律地对称。到了现代，人们开始厌倦了对称的单调，想求些变化与新奇之美。要怎么变呢？如果我们不求对称，就要寻找一个新的构成原则。

这个原则就是平衡。对称是绝对平衡。抛开大自然造物必然的对称，我们才发现自己所要的并不一定是对称，只要平衡就可以了，所以平衡体现的是人文价值。在我们眼前的东西，只要呈现平衡感，就合乎美感原则。再以前文所举果盘为例，如果在一个盘子的中间放一个水果，这是单调的对称；如果放两个几乎相同的水果，是简单的对称；如果放三个水果，一个较大的在中间，两个相同的在左右，同样是对称，可称为对称的组合。如果放了两个水果，一个是梨子，一个是苹果，问题就复杂了。

你要怎么安排这两个水果呢？若一起放在中央，梨子色淡黄较细高，苹果色红较偏圆，就产生不协调的感觉了。不协调就不可能有美感，这可能是永远无法解决的问题。

如果你很幸运地拿到的是同样大小、同样形状的梨与苹果，只要放在一起就会产生有变化的美感。否则的话，你只好期望一个大苹果、一个小梨子，因为它们不太可能有协调的关系，你只好设法使较大的一个做主角，较小的一个做配角，通过主从分明来解决问题。主从关系是构成美感很重要的手法之一，其目的是避免我们的视觉失掉焦点，使我们不会感到惶惑不安。紊乱是美感的敌人，组织的目的是使多数元素形成一个体系，建立视觉秩序。

可是，要使圆中带方的苹果与近似葫芦形的梨子产生主从关系也很不容易。研究的结果发现，很可能必须得把梨子放倒，以减少两者形式上的差异，强调两者的共同点，然后才有母亲带领孩子一样的主从关系出现。画家们最喜欢画的果盘是盘子中堆满了各式水果，盘子外散落着少数水果，这样的主从关系如安排得宜，会产生富于变化的平衡感。

魔力悄悄话

主从关系是构成美感很重要的手法之一，其目的是避免我们的视觉失掉焦点，使我们不会感到惶惑不安。紊乱是美感的敌人，组织的目的是使多数元素形成一个体系，建立视觉秩序。

"秤"式组合与画面均衡

在元素很多的画面上，主从关系可能还无法构成平衡的组织，这时候，基本的"秤"式组合就用得上了。秤有一秤杆，平衡的中心点（又称支点）偏在一边，其短边悬秤砣，被称量重量的物件通常在长边的端点，利用杠杆原理得到平衡。这样的组合重点在于支点的位置。

用绘画做例子最容易说明均衡的构成。中国古画以宋代范宽的《谿山行旅》最为有名，这幅画的构图就是中央对称式平衡。一块大石壁稳稳地占据了画面中央大面积的位置，有磅礴之气。山下的人物与配景是无足轻重的配角，主从分明。自唐末到北宋时代的画大多采取这种朴实敦厚的构图。有名的郭熙的《早春图》，虽然石头的分量很轻，但仍是以中轴构成为原则的。这是时代精神，也是地域风格。

到南宋之后，画家开始放弃中央平衡，改选偏在一边的动态平衡。用在山水画上，有人附会，认系象征偏安之局，其实是与南方山川灵秀之气有关，故盛行留白。这种把主题放在一边的构图通常会在留白的一面最远处，画上一只船或一座山峰，用以平衡画面。这种画法是后代颇流行的，而南宋的马远、夏硅是始创者。

魔力悄悄话

构图就是抽象的内涵。不只是美感，连画要呈现的感情也要用构图来表现。

室内墙面构成

在日常生活中，我们无时无刻不与构成的课题相遇，在客厅的墙壁上挂一幅画，就是构成的开始。墙壁的大小与颜色，画的长宽、大小，都是一些要考虑的因素。

以室内构成来说，当然以简单为妙。东西越少，类别越少，室内越容易美化。所以大建筑师莱特先生从来不在建筑中挂画，他认为绘画会破坏建筑空间。他在室内使用自然的建筑材料，如砖、石、木等已经形成完美的组合，所以墙上没有绘画的位置。现代建筑师大多喜用白墙壁，虽有挂画的预期，但仍然以一个房间一幅画为原则。在一个大白壁上放一幅，只要便于观赏就可以了。

其实美国的中产家庭也有东西过多的问题。他们的画不多，但喜欢都挂出来。他们以家庭为生活重心，集了很多父母的画像、放大的照片，大多希望挂出来。他们的住宅虽比我们的大些，但仍不免产生堆砌的感觉，有些人家走廊上与画廊一样，甚至比画廊还复杂。要使家里保持高尚的品位是很困难的，但是在一面墙上挂满自己的照片而不显紊乱却是必要的。

构图的学问最深的还是绘画。在一幅画里有很多元素，怎么组织这些元素以产生美感与动态，常常潜在艺术家胸中。一个有能力的欣赏者也会以自己的观念找出其构成的原则。现代画评家每用构图分析来帮我们了解画作的意义，特别是现代画常常没有形象，或虽有形象却超乎一般常识，没有分析构图的能力是不易理解的。

这就是说，越是现代的作品越需要通过绘画背后的组合架构来了解其意义。构图就是抽象的内涵。不只是美感，连给画作品要呈现的感情也要用构图来表现。凡·高是第一代的现代画家，他的画有形象，但在构成上夸张透视线，造成遥远的感觉，使人在情绪上产生疏离之感。毕加索的作品中，组织架构的重要性占的比例更多。在他早期的作品中，《亚维农的姑娘》使用垂直线构成，使姑娘们像一根根的柱子，呈现冷漠感。后期作品喜欢动感，有名的《格尔尼卡》其中多使用斜线，代表悲伤与愤怒，中央部分则是金字塔式构成。

魔力悄悄话

越是现代的作品越需要通过绘画背后的组合架构来了解其意义。构图就是抽象的内涵。

后现代感性挂帅

在我们眼见的世界里，建筑的造型仍然是构成美感呈现最多的例子。现代建筑时期，造型的构成与结构的构成相吻合是一个通则，所以美感与理性是完全一致的。

这种情形虽甚理想，但很容易使大众注意到其理性的一面，而忽略其感性的一面，所以大众很少欣赏建筑的美，或为建筑的美所感动。这是文明社会中很可惜的精神损失。

后现代时期，其特点主要是反对在造型上坚持理性的精神，要求感性挂帅。感性是多元而无边际的，所以我们对当代建筑的感觉是比较迷惑的。

在当代许多派别中，没有完全脱离理性的，那就是动态构成派了。

一栋新建的大厦，使用流行的面砖外观。每层呈现出三个窗子，一是落地窗，二是横宽的大窗，三是一窄条长窗。

从经验上判断，第一是客厅或餐厅，第二是卧室，第三是洗手间，到此是理性的。

为什么卧室的部分与梁面在同一平面上，其他两窗要退后呢？这是要用层次来达到构成的变化，消除三种窗子完全不同型的混乱。这样还不够，落地窗外有柱深的空间可以放盆栽，于是楼板外安装了一道流行的 H 形钢梁，焊接轻快的钢栏杆，形成阳台的意味。

为了强化三个窗子所形成的墙面的统一感，设计者把阳台的栏杆与钢梁加以伸展，因此成为没有阳台的栏杆。这是非常不近情理的装饰性做法，目的只是"构成"。在今天强调感性的社会里，这是可以理解的。

美感——窗含西岭千秋雪

　　住宅大厦由居住单位组成，其内部本来就是客厅、卧室、卫生间的组合。客厅需要大玻璃窗及可以出去透透气的阳台，卧室则窗帘高挂也是理所当然。按照这种理性的需要可以设计出优美的构成，牺牲这种便利也可以有优美的构成。

魔力悄悄话

　　美感与理性是完全一致的。这种情形虽甚理想，但很容易使大众注意到其理性的一面，而忽略其感性的一面，所以大众很少欣赏建筑的美，或为建筑的美所感动。这是文明社会中很可惜的精神损失。

第六章
爱美的初级阶段

朴素是美的必要条件。

——列夫·托尔斯泰

真正的美，是美在它本身能显出奕奕的神采。爱好时髦是一种不良的风尚，因为她的容貌是不因她爱好时髦而改变的。

——卢 梭

不适当的美丽只会给自己招来耻辱。

——伊 索

人应当一切都美，外貌、衣裳、灵魂、思想。

——契诃夫

成为爱美之人

要知道，美感的培育与语言一样，自环境中学习是轻而易举的。试想，孩子们学说话何曾花过什么力气？只要在父母的爱护下成长，自然就学会了。可是要学另一种语言，即使是经过学校教育也是千难万难的。我们学英语，自中学到大学，甚至留洋，十几年下来，还是一口洋泾浜，似通非通，远不如几岁的外国孩子。我们所说的母语就是在孩童时的语言环境下自然学得的。

美感的形成也是如此。一个孩子在美的环境中成长，他自然会养成"眼力"。这就是美感被学者们指为"贵族"的原因。在过去，只有贵族之家才讲究品位，美感是品位的一部分。贵族之家的建筑富丽堂皇，家用器物都很讲究，衣着整齐，都蕴有美感。在这样的环境里长大，美感便与母语一样，成为孩子人格的一部分了。可是自 19 世纪以来，贵族已经不是美的独占者了。欧洲的城市已是中产阶级的居住之地。富裕的市民的品位已上升到古代贵族的层次，因此创造了今天我们看到的美丽的欧洲城市环境，使我们流连再三，回味不已。

魔力悄悄话

美是对人的主观需求有功利价值的客观事物的外部形态特征使人产生出的一种快乐感觉。

用美感教育提升竞争力

今天，富裕时代来临，很多发展中国家已经富有了，新城市在大规模的建设中，中产的市民逐渐成为社会的中坚。他们也开始需要生活的品位，其中就包含了美感。因此，随着富裕生活的普及化，美，成了必需品。

现在面临的问题是，发展中国家与欧洲不同，不是缓慢进步，经由工业与科学的发展逐渐富裕化的，而是在短短的几十年间，学习西方的文明，在西方的协助下迅速发达的，因此没有经过自贵族而市民而大众的长期文化传递过程就爆发了。所以像台湾这样的地区都面临文化的空虚感，缺乏高尚的气质。但是，在精神条件不足的情况下迅速建设成的生活环境，通常是混乱、丑陋的，难以为下一代提供美感养成的氛围。

我国古人知道品位的养成是缓慢的，所以有"两代会吃，三代会穿"这句话。有钱了，需要经过一段文化培育的过程，通过对后代的教育以及增加其与高尚人士接触的机会，慢慢改变。推广美育，是希望利用教育的手段缩短这个转变的过程，使这一代的人，至少是下一代，就能有掌握美感的能力。

魔力悄悄话

21 世纪是美感的世纪。在全球化的大趋势下，美感是一种竞争力。提前掌握美感能力，可以保证在竞争中不会落后，不会停留在代替别人加工的阶段。

从自然之美的体验中寻找

　　闲来无事到公园走走，去感受自然之美。希望提高美感能力的人到自然界去找美的基准点是最合理的，只是要用正确的方法去看自然而已。

　　先把自己变成一个爱花的人。爱花就是爱看花，在树枝上或草茎上长出的自然花。没有审美能力的人对插花的艺术尚无法理解或批判，所以为了培育美感，劝你不去学插花。同时希望市政府的公园管理单位不要浪费公费去弄些古怪的花展之类，破坏自然之美。花展只以展出花为目的还可以，千万不能利用花来搞别的名堂。大安森林公园中有过一次虐待花的展览。用各种花当成颜色材料，编织成各种图案与造型，花的本质失掉了，只看到一些造型。用花做成动物与人物，甚至讲述故事，市民们兴高采烈地看着这些奇景，如同赏花灯一样，象征太平盛世的景象。但是真正爱花的人看到这样使用花朵，只能感到痛心。

　　当然了，这种做法之始作俑者是外国人。欧洲的巴洛克时代就有了用鲜花编成图案的公园。但在院子里把鲜花排成图案，勉强可以接受，比起把它当成游戏造型的材料要文雅得多了。

魔力悄悄话

　　虐待花的花展除了热闹之外，你能看到什么呢？那些造型不过五颜六色、炫人耳目，形状大多幼稚、怪异得不堪入目，对于美感教育只有起到反作用。

欣赏一朵花的几何秩序之美

真正爱花的人会去周末花市走走，借着买花，仔细地欣赏各种美丽的花朵。是，就是欣赏花朵。你拿起每一朵花，仔细看看它的美。它的花瓣、花心与花萼，以及花的整体造型，那才是上帝的杰作！上帝为了美化这个世界创造了万紫千红，花的颜色、质感、形状千变万化，然而都是在同一美的原则下生长出来的。美，是生命奥秘的一部分。上帝是怎么把这么多种花统一起来的呢？

你会发现它们有共同的原则。它们的花瓣有尖、有圆，少者只有四五瓣，多者如菊花那样数不清，但都是自一个中心也就是花心向外辐射，形成圆形，它们或多或少是迎向天空、面对阳光展开来的。因此"美"似乎与简单的几何秩序有关。有些比较繁复的花，如芍药、牡丹之类象征富贵的花，花瓣非常多，似乎没有秩序，其实不然。上帝仍然让这些花瓣层层地围着一个圆心生长，或循着螺旋式的模式旋转成丰富的球形花朵。只要认真地看看比较简单的多层花瓣之花朵，如玫瑰或康乃馨，就可明白其中的秩序了。仔细看，你会了解几何秩序是美的泉源。

你也许会问，兰花要怎么解释呢？台湾是盛产兰花的宝岛，"蝴蝶兰"品种极多，享有世界声誉，为什么不是圆形的花朵呢？要知道，今天我们常见的兰花是花农利用人力造成的样式。我们买回来的兰花，每一枝都有一根铁条支撑着，勉强让它们仰起头来面对我们。这不是兰花的天性。原生的兰花是生长在山谷中的石崖上，根扎在石缝里，孤独地面对着风雨，所以古人称兰为幽兰。兰之茎受地心引力的拉扯是自然下垂的，你可以想象当兰花结苞开花时是背靠石壁、面对幽谷，并不像其他花那样向上伸展，因此兰花是向前而不是向上开放的。这是它的花形呈左右对称、状如蝴蝶的原因，而对称在大自然中是一种非常普遍的几何秩序。除了圆形花朵与某些海洋生物之外，一切生物都是以对称为基本形态的。对称是上帝的指令之一，圆形是多轴对称，没有它，视觉世界就乱成一团了。

　　如果你认真欣赏兰花的花朵，就会看到每朵花有五个花瓣，其中两瓣为圆角的三角形，向左右展开，与花心构成花的主体，面对世界。其他三瓣为椭圆形，衬在后面——一片在上面，直立于中央，两片在下面，分处两侧——呈三角形排列。花心非常有趣，中央为花蕊，下面有三个小花瓣，形成一个小平台，应该是供采花粉的小动物站立之用吧。

魔力悄悄话

　　为什么高级动物都有两只眼睛、两只耳朵分居面部两边，一只鼻子、一只嘴巴居中呢？即是要构成单轴对称，如果不对称，世上还有美可言吗？

大自然设计的奥秘

对于一朵花来说，通常颜色的分布在接近花心处比较浓，靠近边缘处较淡；后排的三个花瓣，上面居中的较淡，在下面两侧者较浓，非常合乎我们心理的需要。我眼前的这朵，深红色呈点与线分布在花瓣上，约略形成脉络，使花瓣看上去像红色的树叶。上帝用这脉络来传送营养与水分，同时也建立起视觉的秩序，呈现美感，真是一位伟大的设计师！

抱着这样的心情看世界，即使自地上捡起一片树叶，也可以品赏它的美，因为它们都是上帝的造物。

上帝设计的叶子，大多是尖角的橄榄形，一边是连接小枝的蒂，另一边是指向天空的尖，中央有一支梗，是主要的动脉，自主脉上分出有规则的支脉，支撑着叶面，同时传送营养到叶面。仔细看可以看到自支脉上分出微血管一样的络，像网一样遍布全叶。你看不出明显的秩序，但又感到一种自然分布的美，以分支系统为架构。那些你看不明白的脉络系统，每片叶子都不相同，又都很类似，是生命的现实。在成长的过程中，个别的生命因不同的境遇，以不同的方式，在同一原则支配下成长，这就是不变中的万变，也就是大千世界的奥秘。

魔力悄悄话

自然之美是如假包换的美、俯拾即是的美，所需要的只是张开眼睛，认真地看到它的存在。

强化追求美的信念

对自然的美，科学家最能理解。由于学术研究的需要，他们必须有系统地、非常细心地观察植物的形状与结构，而且还会使用科学仪器如显微镜，在放大若干倍后观察自然物的形状与结构。他们发现自微小世界到超大世界，生命是依循同一原则在运行的，其完美令人惊叹！这就是科学家到老都相信神的存在的原因！在 20 世纪，科学家的这些发现经过传播，强化了现代艺术家追求美的信念，使他们相信，美是天授的，不是阶级斗争的武器。身为人类而不去领会美的价值，是暴殄天物，实在太可惜了。

魔力悄悄话

人对客观事物的美感，最初都来源于人们的实践经验，在生活实践中，那些能够经常满足人的主观需求，给人带来好感的客观事物，就会给人以美感。

第七章
秩序与美感

生活中不是缺少美，而是缺少发现美的眼睛。

———罗　丹

草在结它的种子

风在摇它的叶子

我们站着，不说话

就十分美好

———顾　城

成功由大量的失望铸就。在这个世界上，取得成功的人是那些努力寻找他们想要机会的人。

———萧伯纳

自触觉到视觉的转移

在视觉美感中，质感是很重要的因素，与色彩并重，可是对大众而言比较陌生，说清楚要费些口舌，因此很少有类似的文章。让我且在本文中尝试给读者一个概念吧。

什么是质感？艺评家称之为肌理，是西文 texture 的翻译。我觉得质感要比肌理容易理解。在英文字典上，texture 被译为纹理或质地，也有字典译为结构，只看这些译名就知道是很难理解的了。这说明其概念在中国文化中是缺乏的。

这也难怪，质感本身就是一个复杂的概念。在视觉世界中，光线之明暗，色彩之变化，景物之静动，都直接诉诸眼睛之视觉功能。质感的变化也要诉之于视觉，却不是根源于视觉。质感的来源是触觉，是手指的神经接触物质的表面所得到的感觉。这种感觉是与眼睛不相干的，但是当我们使用手指触摸的时候，眼睛也同时看到这个动作，观察这个物质，因此产生联动的作用。为什么会这样呢？因为眼睛是高功能、全方位的器官，而触觉本身很难达到了解环境的目的。

粗细、软硬及温度是触觉得到的直接讯息。对于一件我们从来没见过的东西，第一个行动就是动手触摸。这是因为大脑希望我们增加新的经验记录。一旦熟悉了，我们便不想摸了，因为大脑可以间接地通过视觉来做出判断，也就是以眼代手了。这就是博物馆的展品都放在玻璃柜里的原因。博物馆展出的新奇之物，观众最想动手触摸，这也不能怪他们。近年来，展示理论主张尽量要观众动手，以增加趣味，提高学习效果，也是基于同一理由。

下面举一个认识织物的例子。

我们到布店里看到一块料子，首先是被色感与花纹所吸引，几乎在同时，我们就想伸手去触摸。如果不让我们摸，交易是不可能达成的，因为手感必须配合我们的期待才成，而料子的手感与材料的本质有关。我们看绸缎，自然希望它细软，看毛料，则期待它细而挺、有弹性，这都是好料子的特点。但要看冬目外套的料子，手感的要求可能不同，可以软，但不能太细，才能适应气候。

"质感"这个词就是自伸手摸料子而来的。英文中 textile 指织物，就是使用纤维编织出来的料子，所以 texture 才意味着质地。这里面除了材料有别外，也有编织方式的分别。怎么去分辨编织方式呢，就使用"结构"这个词，意思是手感与纤维间连接在一起的组织方式是有关的。所以 texture 有内部结构的意思。由此可见，当我们提到某物的"质地"如何的时候，实在牵带着很多因素，都要经由我们的感觉体察出来。综合这例子所显示的意义如下：

材料——纤维——结构……质地

软硬——粗细——凉暖……感觉

所谓自触觉转移到视觉是什么意思呢？就是自手感得到的经验，与眼睛所见之外表连在一起，因此自眼睛所看到的表面质地，不必动手就自然产生触觉的反应。

魔力悄悄话

经由触觉得到的情报，传到大脑，与视觉得到的讯息相会合，才产生决策性的功能。因此，触觉是一种经验，经由视觉向大脑注册，就变成视觉经验了。

重质感而丧失对质感世界的认识

中国文化是重质感的文化，这是因为我们有意躲避视觉美感，以免堕落的缘故。

古人有"非礼勿视，非礼勿听"之说，就是要避免为美之艳丽所惑。一般来说，触觉的美感是清淡的，不会造成情绪上的激动而影响行为。

质感之美的例子来自中国的玉文化。古人以玉象征君子，因为玉质摸上去有温润的手感，而古人称赞君子有"即之也温"的话，有近人的意思。

所以真正的君子，表面看上去是严肃的，可一旦接近，就有亲切之感。

玉因此成为几千年来为中国人喜爱的材料，玉的工艺及器物也具有高度的象征意义。

这种质感转为视觉后，是一种半透明、半反光，表面光滑、细致的材料。

温，是热传导慢的手感。看在眼里是质地细密，色泽为暖色，与玻璃、水晶、玛瑙等是不相同的，甚至与后世人们所喜爱之翡翠也大不相同。

很有趣的是，中国软玉即使是打磨得非常光亮，也颇温润近人，而硬玉等磨出的光泽，古物商人称之为贼光，这是高段的质感。

温润二字是很抽象的，但成为视觉价值判断的字眼，必须略加阐释。润是滋润的意思，是在干枯的田地里加水汽，使生气恢复，所以润有生命的感觉。不像水晶等只是晶莹的饰物，玉不但有生命，而且有善心与同情的观念。在手感上，因玉的表面组织坚韧而有孔，所以在触摸时可以吸收手上的温度与湿度，故在把玩时，"养"成为手的延伸，而无异物的感觉。

中国的织物文化与玉文化是相通的。自古以来，国人就喜欢绸缎，因为其表面光滑温润，而不计较其纹理。我们对麻衣的粗面视为粗劣，认为是穷人的衣料，直到后世自国外传来棉花，才有次于绸缎的织物，且棉花可细纺精织为士人可以接受的材料。这与西方的毛织文化是完全不同的。

毛织文化是重视觉的文化。毛料这种材料也有软硬、粗细、暖凉之分，但当其始是粗重的，因此在价值判断上，编织纹理的视觉效果远胜过手感，所以西人到今天都以织物 fabric 这个词来称呼料子。可知好的料子，其重点在织的方式上，也就是重在结构，而织物的结构美，在于因编织设计之不同而呈现的花纹。

中国文化的末流是因重手感的滑润而流于视感的光洁，失掉了视感辨别的能力，反而因重质感而丧失了对质感世界的认识。由于太重视光滑而过度地使用漆，在一切器物，尤其是木器上用漆，其结果是丰富的木质世界就被划一为光滑的漆面。中国建筑原是木造的结构，可是因为漆的广泛利用而失掉了木材的素朴美。木材因其类别有不同的纹理与质地，变化多端，饶有趣味，但都被排斥在中国文化之外。在传统中国的价值判断中，凡不光滑的就不是好东西，因此屋顶上的瓦也要上釉才好，砖瓦的陶质之美也只有在民间建筑上寻找了。

中国的手感文化最成功的一环是瓷器。由于我们自古以来"光滑至上"的价值观，从周代就尝试给陶器表面上釉，发展到南北朝就有了近瓷的陶器，但直到宋代才真正成熟。瓷器有光滑的表面，比较厚实的胎体近乎玉质，它不仅有光洁的表面，同时也有温润的手感。宋汝、官窑的青瓷，事实上可算青玉的化身。

瓷器自元代青花出现，带进西方影响后，渐渐变成视觉文化的一部分，讲究彩色、绘艺。所以当清代初年，瓷器出口到欧亚各国王廷的时候，已经完全视觉化了。可是真正引发西方上层社会趣味的，还是制瓷技术所创造出的光滑无疵的表面。欧洲放弃了陶器的美感，向中国瓷投降了。直到现代，人们才认识到对质感的价值观与社会阶级有关。大体说来，以富庶的上层社会主导的品味是喜欢光滑亮丽的，因为这是用大量人力、物力才能达到的情况。平民社会的品味偏重于素朴与自然，因为这是在有限的资源中所能做到的。

魔力悄悄话

现代人追本溯源，才使质感之美回归人性。西方文化渊源之中世纪，没有极权帝国存在的封建社会，也许是视觉的、素朴的质感文化的来源吧！

地板人行道的质感

怎么用质地来选择材料呢？最具体的例子可能是地板。地板是最接近我们的面材，因为台湾的文化受日本占领期的影响，是脱鞋进屋的。这原是中国古习，但自唐代后就被放弃了。在北方的民间，地面是夯土，大家穿鞋进来，坐在椅、凳上，与地面没有直接接触。日本是最重视地面的民族，他们睡在地面上，因此整座屋子都可以是床，至于地面铺的榻榻米，就是古中国的席。席是与全身都接触的材料，因此要考虑其织理的触感与视感，而且要非常清洁。

台湾的闽南传统是穿鞋进屋，室内铺的是红方砖。受日本影响的中产阶级，就算无缘或无意住日式房子，也学着脱鞋进屋以维持室内清洁。脱了鞋，脚已经接触到面材了。在几年前，大家只想到清洁而悦目，所以使用光滑的大理石或大瓷砖铺地，脚底下冰凉且易滑。过了一阵子，有建筑商把木地板引进，当面板贴铺，脚感较温暖舒服。开始时用来自南洋的柚木，坚硬而色暗，学洋人欣赏木质纹理，然而不免阴郁之感。更进一步，进口北美的桦木，色调明亮，木纹清晰美观，为大家所爱用。

美国的中产之家，甚至办公室中，大多在地面铺毛毯，即使穿鞋也可感到轻软、温暖，是视觉与触觉交互作用的佳例。毛毯还有吸音的作用，可保持室内安静。地毯是上层社会住宅中凸显质感的核心物件之一，人们地上铺的是设计高雅、价格昂贵的波斯地毯。一般人使用的是机制地毯，只供改变室内质感之用。

在西方社会中，街上的人行步道也很重视质感，只是他们使用素朴、自然的材料，使人走在上面并无所觉。其实混凝土的地面只要施工认真，表面均匀平整，不积水，不藏污，就有良好的质感，走在上面令人舒畅。

在重视感性的小镇，人行道常用红砖砌成，不是用薄砖片。由于砌工认真，砖面平整，予人以亲切舒服的感觉。欧洲的老城在 19 世纪水泥与沥青未发明前，马路面是用石钉砌成的。石为粗面，又拼成弧状波纹，使得有些古老的马路质感令人怀念不已。其实沥青路面若做得好，也有很好的质感。

　　与西方城市相较，台湾的人行步道就不堪入目了。我住在台北市的仁爱路，称得上是台湾的首善之区，竟没有一段可以赏心悦目的人行道。基本的问题是我们的文化背景不相信入行道应该有踏实而素朴的地面，而向光洁美观的表面性去想。市政府的设计师总向图案设计动脑筋，要有色彩的变化，否则怕市民不满意，因此地面上只能铺些薄片。可是面砖的特色就是容易脱落，何况我们向来缺少认真施工的人，即使你喜欢这些图案，没有多久，在机车（摩托车）也加入使用的情形下，面砖就开始破碎或脱落了。市政府为了补救，修补的次数加多，人行道遂成为最杂乱的道路的一部分了。

魔力悄悄话

　　且看人行道简直成为各种面砖的陈列场地，尤其是在骑楼的下面，每栋建筑自行负责地面砌铺，难以使人相信地简直乱成百衲衣一样。

从"减"与"简"

我们常把整齐、清洁说在一起，其实在真实世界中，人的习性原不懂得整洁，进入文明社会，整、洁也不是同时存在的。

清洁与健康有关，排除生活环境中的恶臭与污物，是最基本的做人之道，是人与禽兽的分水岭。对清洁的要求越高，越能进入精神的领域。

荷兰人与日本人要求生活环境中一尘不染，本身有高度的精神意义。清洁虽可能与整齐并存，但没有必然的关系。如果整、洁并存，就已经自强身上升到美感的领域了。

与清洁比起来，整齐是比较高级的要求，想做到也比较困难。清洁只要打扫、擦洗就好了，整齐就需要用些头脑。

以现代人来说，清洁已经是必然会做到的，整齐则未必。比如大家吃饭后，一定会洗刷锅瓢碗筷。即使是懒人也不过丢在洗槽里久一些，终究还是要洗的。

但洗过后安排得整然有序，下次用时手到擒来，就需要一点训练才做得到，而且整齐是有程度之差别的，有人就是做不好，有人要求的条件则极高。

要做到整齐，其中一个条件就是简单。

首先，东西太多很难做到整齐；其次，东西的花样多，也很难做到整齐。再以家用饮食器具为例，如只有一碗一筷，要整齐很容易，但如富有之家使用外国的餐具，动辄数十百件，要弄整齐，则需要经过训练的管家才做得到。

只是种类与数量少还不够，最好花式少。这就是富有之家餐具成套的道理。所谓成套，就是制造时每件的花样已考虑配套的设计，放在一起就有整齐一致的感觉。这是化繁为简之道。

如果餐桌上的餐具杯盘碗碟各有花色，即使再考究的东西，也只有凌乱的感觉，不可能产生美感。这就是为什么今天的中级餐厅里都使用白色餐具的原因。

现代人过着富裕的生活，富裕的社会必然是商业社会。这样的社会会生产大量的物品，以供人们选购。产与销是经济成长的动力，我们作为消费者，又有人类贪多的本性，所以为商人所乘。他们不断推出产品，我们禁不住诱惑，所以促销的商场是最热闹的活动场所，最后东西都搬到我们家里了。

人类生活能够消耗的物资极少，东西多并没有用，只是满足我们的占有欲，然而这就形成了现代人家里东西过多、形同仓库的问题。这使得关心美感的朋友们大声疾呼"减"与"简"，恢复现代人的美感意识。

所以现代人谈美，先要与贪婪及拥有的本性战斗。买没有关系，要舍得丢弃或捐助。以居住环境来说，今天大家住得比过去宽敞得多了，但除非你非常富有，住屋的空间还是很容易成为库房的。如果你实在忍不住买东西，最好养成捐助的好习惯，买来不用，捐给没有钱的人使用最为理想。这在经济富裕、物价低廉、空间狭小的香港来说，是特别重要的。

我们知道，堆积与储藏物资是人类最原始的天性，整齐与美感是人类经过教化的天性，这两个矛盾的天性没有妥协的可能，只有有教养、有自信心的人才能做到抛弃多余的东西，完成追求心性生活的目的。即使注重过精神生活的人在这方面也是困难的。到了一定年纪的人，由于需要，大多累积了不少图书资料，越到老年，图书堆了满屋，造成心理压力，但也舍不得丢。

言归正传，"极简"有高度的精神价值，但并不符合人类的本性。过度的化繁为简，有时会引起精神的疲劳。化繁为简的例子之一是军营秩序。来自各种社会阶层的人来到军营受训，首先要把五花八门的便装脱下，换上同一式的军装。军装的英文是"uniform"，这个词的原意就是

美感——窗含西岭千秋雪

"划一"，目的是达到非常整齐的效果。在军训的过程中，一切团体行动都要划一，使众多的个人运作起来像一个人那么简单。为什么阅兵典礼那么好看呢？因为异常的整齐划一产生了美感。

魔力悄悄话

整齐是美感之始。简单容易做到整齐，所以"简"是美的不二法门。近人说"极简"美学、"减法"美学，都是这个道理。

尊重多样性

很多士兵都吃不消过长的军营生活，宁愿到前线打仗。为什么我们喜欢热闹，又喜欢寻求刺激呢？因为我们的精神不时需要进入兴奋的状态。在原始时代，人类为求生存，要猎取食物，又面临被猎杀的危险，必须保持高度警觉，精神在紧张与松懈之间起伏不定。到了文明世界，人类时常要模拟原始的状态，以保持生命存在的感觉，否则就会出现衰与疲的现象，这是简洁美学的最大敌人。

所以在美感上不能过分强调简单。为了心理的需要，我们也应该尊重多样性，这就是通俗美学上常说的"变化中有统一，统一中有变化"的原则。这话虽很普通，却是美感经验中的至理。

魔力悄悄话

我们既要以整齐来达成统一，又要变化。如何达成呢？就是要在变化中建立秩序。

掌握相似而非相同

秩序的第一个层次是从比较粗糙的感觉开始的，称之为形式的近似。

美学家都承认，抛开内容，才能有美的观照，所以美只有外在美，这一点在以前的文章中已讨论过了。

形式包括形、色在内，比如我们看到徽州村落的照片颇受感动，是因为村落是由白色的山墙与灰色的屋顶所组成的，从侧面看，白色的面与灰色的线条，符合简单、统一的条件。

可是照片上呈现出来的，并不是和军队一样的统一。那些山墙与屋顶，大小不一，长短各异，是很自然的组合。

可是每一个山墙都是一个白墙壁，上面有一人形屋顶，它们不相同，但却相似。所以这种秩序的美就是形式的近似所造成的。

相似律在生活美感中的使用非常广泛。前文所提的成套餐具是一个例子。

大体上说，凡在一个环境中呈现的众多个体无法统一时，必须在众多个体中找到一个一致的因素，使它们看上去因为近似而产生统一之感。

相似律应用最多的领域是城市建筑。

欧洲的古老市镇常予人以动人的美感，原因有几个，其中最重要的是建筑与建筑间形式上的近似。走到古老的市街上，看到的建筑无一相同，但建筑风格是相似的，屋顶、门窗、材料等也大体相似，因此呈现出和谐的整体。

香港近年来所辟建的新市镇，总是单调的、成排的同样大楼，与此相比，可知相似比起相同来要好得太多了。

变化是通过不相同的群体来完成，统一则使用相似的要素来完成，所得的结果是美感。这些相似的要素就是秩序与规律的建立。

魔力悄悄话

只要掌握相似的条件，就可以得到美感的效果。这使得美感没有那么难得，特别是在环境方面。

韵律为美感所必要

秩序的第二个层次是比较精确的感觉，是单纯的韵律。如果我们把"最简"所呈现的形式视为单一的韵律，多样的组合所呈现的韵律就是丰富的韵律。它所追求的感觉是和谐。一般说来，音乐的韵律是丰富的，组合得好，几十个乐器可以形成美妙的和声。在视觉上，韵律可以简化为节奏，因为眼睛在这方面远不如耳朵来得灵敏。

韵律与节奏的意义是相同的，但后者比较有打拍子的意思，意象比较简单，韵律则被用来描述繁复的多层和谐关系。举例说，在建筑上用节奏来描述秩序较为恰当，因为建筑形式的要素都是很简单的。西洋建筑的古典系统的外观大多是柱廊。柱廊就是使用简单的柱子为单元，经重复而形成的节奏。复杂与简单的韵律都是形成美感所必要的，而且都讲究精确的表达方式。

很奇怪的是，人类对声音的节奏很敏感。当耳边响起乐音的时候，身体自然有形无形地跟着起舞，配合着节拍。但是视觉上却对节奏的反应很迟钝，必须要经过提醒，甚至教育才领会得到。这是建筑对一般人而言不算艺术的主要原因。生活美学推动之困难正在于此。

今天的建筑已经很少出现用一排柱子的情形了，但是却有整齐排列窗子的设计。现代主义时期喜欢水平窗，建筑的外观常常是一条条水平的平行线，与古代的柱列有异曲同工之妙，可是到了当代，大家反而又喜欢老式的整齐的窗列了。这些在节奏上都是简单的。在过去，建筑学者把节奏用英文字母表示出来，今天试用它向读者说明之。

古典柱列式的节奏可以用 A·A·A·A 表示。到文艺复兴时代后期，有些建筑师开始把这种单纯的节奏略为增加，在大柱间加一小柱，就显得丰富些，这时可写为 A·B·A·B·A。派拉底奥的建筑广为欧洲各地模仿，这两种建筑式样在台湾也可看到。近年来台湾建了不少高楼，在玻璃帷幕上加了直条梃子，这两种节奏都可以找到例子。至于老式的窗列，则可视为垂直与水平均适用的 A·A·A·A 节奏。

魔力悄悄话

　　富有韵律美的舞蹈动作，建立在节奏的基础之上；而音乐的节奏，又需要通过优美的舞蹈动作来形象地展现。

把握和谐和原则

视觉秩序的最后一个层次是较繁琐的韵律。单纯的节奏常常是对称的、平面的，视觉的韵律则应指非对称与立体的秩序。这种秩序是常见的，只是不为大家注意而已。在建筑上，出现最多的是独栋住宅。在理想的室内设计中，这几乎是最常见到的秩序，因为在现代生活中，居住环境所需求的物件太多了，多得几乎相当于一个乐队，如果不能把握和谐的原则，视觉美感就沦失了。

想想看，住宅室内有多少物件？各部分的墙壁、天花板、地板、门窗等建筑元素之复杂度已经超过建筑的外观了，另要加上大小几十件家具，各种灯饰、摆设、餐饮器物，再加上艺术品，把这些东西归纳为一个和谐的整体岂不是非常困难吗？这就是为什么非常富有的家庭室内反而有令人不安的感觉。如果不从零开始思考，经营一个高度美感的环境几乎是不可能的。

一般的业主必须有高品位的素养才能欣赏一流的精致的设计，他们通常会以自己的品位干预设计师的作业。这就是真正令人激赏的室内设计极为少见的原因。

魔力悄悄话

建筑室内无法与建筑外观一样加以简化、节奏化，使用相似律也只能达到某种初步的和谐感，无法得到雅致的审美感受。

第八章
比例之美

富有生机就是美。

       ——威·布来克

端庄即至美,严肃乃极乐。

       ——威·沃森

如果不保持一定程度的陌生感,就不会有出类拔萃的美 。

       ——培　根

如果你要获得成功,就应当以恒心为良友,以经验为顾问,以小心为兄弟,以希望为守护者。

       ——爱默生

古典美来自人体

古典美来自人体。我们对万物之美可能互有异议，但对于人体的美大体上是有共识的。

我们欣赏一位美丽的女孩子可以分为两个层面，一是身材，一是面貌，两者缺一不可。

现代美女的身材之极动人者被称为"魔鬼的身材"，就是具有性之吸引力的身材，是胸部与臀部等性征特别夸大的身材，可是古典美人是指处处恰如其分的身材。

除了该肥处肥、该瘦处瘦之外，身体的各部分长短要合度，即古人说"增一分则太长，减一分则太短"的程度。

怎么才是合度呢？西方古代找出了各部分尺寸的关系，这种关系被称为比例。

比如我们说一位女性窈窕动人，不能只说她胸围多大，至少要把三围数字都报出来，才能给我们完整的概念。从三个数字我们才能大体知道她的身材是否合度。

身高的各部分长度，在比例上特别重要。西方人很早就观察到，两臂平伸的长度与人体高度约略相等，大腿的长度大体上与上身到头顶的长度相等。

一个匀称悦目的身材，头大约占身高的八分之一的比例。

至于面貌的比例就更加细致了。

因为面孔是我们与人接触最直接的部分，也是辨别个人的符号，其组成单元为五官，展现出的感觉影响人的一生，所以各民族都有相面的传统。

美感——窗含西岭千秋雪

对于白种人与黄种人来说，一张令人愉快的匀称面孔，额头的高度应相当于眉毛到鼻端、鼻端到下颌的长度，同时面宽是额头高度的两倍。如果额头太窄，面宽太宽，就接近人猿，不太入眼了。

魔力悄悄话

因为人有高有矮，漂亮与否与高矮肥瘦没有必然的关系，所以不能用绝对尺寸来定美丑，是以各部分的比例来决定。

静态观看舒适的黄金矩形

　　具有美感素养的人大多是从对比例的敏感度出发。这一点，审美工作者大多是同意的。争议点主要在于，黄金比例是否那么不可或缺？现代建筑大师柯比意先生是黄金比例的极端支持者。他从经验中感受到，凡看到美的东西，用尺度量，大多合乎黄金比例。因此他写了一本关于黄金比例的书，放弃整数，以比例做成量度工具来从事设计。他下了很大的功夫，但没有得到同业的支持，只能在建筑史上聊备一格。但这并不表示比例的美是无意义的，只是大家不认为视觉感官要求这样精确的运作而已。

　　黄金比例对横向的矩形是有意义的。西方学者也提到，人类的眼睛左右对称，在掌握横向矩形时，在静态的观看状态下，生理上最舒服的范围约略相当于黄金矩形。自这个科学的观察开始思考，可知8：5是接近理想的比例。为了便于操作，3：2也是可以接受的。正方形有其绝对性，很受现代艺术家的喜爱。

魔力悄悄话

　　看直向的矩形，非得用眼睛上下移动不可，因此是一种动态的观看方式。为表达动的精神，画幅越长越好，这就是国画长轴的意义。在一个构成中，直向矩形的比例是配合横向矩形的，以建立视觉秩序而已。

从建筑欣赏开始体会比例之美

　　简单的比例是建筑美感的精髓。在艺术中，音乐与建筑最为近似：没有故事性，只有抽象的、数学的美感，而建筑则为最简的艺术形式。

　　建筑对抗地心引力的结构形式，那就是柱子与梁所撑持的空间，或用拱砌成的空间。前者是矩形，后者是半圆形，因此建筑的造型自古以来就是由矩形与半圆形构成的，直到高科技建筑时代来临。可是到今天，简单的几何形仍然是最有力的表达方式。

　　在建筑史上，这种几何形式所构成的美，最直接的例子是凯旋门。这是古罗马帝国时代的产物，在广场的进口处建一座门，象征出征胜利凯旋，作为永恒的纪念，所以是记功碑的性质，兼有都市景观的功能。这种建筑，由于完全没有实际功能，是纯粹的建筑造型，后世很少使用。直到19世纪，欧洲帝国主义大行其道，法国、德国才又有凯旋门出现，最有名的是巴黎凯旋门及柏林布兰登堡门。但是最优雅、美观的还是古罗马的遗物。

　　到了现代，结构技术进步，建筑功能复繁，照说这种素朴的造型观应该被放弃了，然而它仍旧拥有强大的吸引力。最著名的例子是法国在巴黎西郊所建新市区中，其地标性建筑就是一座新凯旋门。这原是一座数十层的大楼，然而在外观上却是一个简单的"n"字，远远地与拿破仑的老凯旋门呼应着。它的美，只是简单的比例良好的矩形。为了凸显简单的门框的意象，大楼正面没有开窗，进口的一些设施都以超现代的透明结构覆盖着，使人感觉到素朴美感的力量。在它周围有各种造型的当代高楼围绕着，但正因为简单，它才能控制全局，成为新市区的当然核心。

　　说到这里，想起台湾岛内的姚仁喜也是喜欢使用门框意象的建筑师。他在元智大学设计的教学大楼，就把繁杂的功能归纳到一个简单的门框中，在校园中具有支配性的气势。后来在实践大学与台北市信义区，他又有近似的作品。

魔力悄悄话

　　到了现代，结构技术进步，建筑功能复繁，照说这种素朴的造型观应该被放弃了，然而它仍旧拥有强大的吸引力。

以欣赏抽象画为进阶

矩形的比例，由多数不同矩形组成的韵律，是建筑美感的主要来源。要想深刻体会比例的美，非从建筑的欣赏开始不可。当然，要从现代建筑开始，因为现代建筑排除了具有故事性的雕刻装饰，回归到结构的本源，没有比例与节奏，就没有美感存在了。

但是有一派现代建筑师在注重比例之余，仍然注重构造的工艺美感。这些工艺虽然抽象，仍然是有故事性的。对于有些纯形式主义者，工艺的故事性也是多余的，要做到没有技艺痕迹的纯净形式。这就是后现代初期的古典风作品：使用圆柱而没有柱头柱础，甚至完全消除柱梁的架构，用矩形的面与立方体来表现。

要把比例之美用在绘画欣赏上，那就比较高深了。绘画的故事性非常浓厚，比例之美是以构图的方式隐藏在后面的，不是专家就只能于无形中感觉到，无法看得明白。然而绘画中有没有比例这种东西呢？不但有，还不能少。除了文艺复兴时期特别重视的描绘人体时所必须着意的比例外，对画中重要元素的安排是绘画创作的重要手段。没有比例的训练，画家就不可能创造画面的美感。

在20世纪上半段现代主义盛行时出现的抽象画，是比例与构图在绘画中结合得最密切的一种绘画形式。画家蒙德里安用水平、垂直的线条作画，与建筑的立面非常接近。立体主义的绘画与建筑是互相影响的。大建筑师柯比意是黄金比例的专家，他用黄金尺建屋，同时也用黄金尺画画。不只是绘画，他的雕塑也有黄金尺的意味。他的作品被称为"纯粹派"，因为属于造型的艺术，几乎没有故事性。

抽象画在保罗·克利和康定斯基手上奠定了坚实的基础，前者的画中略有人形出现，后者是纯粹的音乐韵律，但都是用几何组织作为架构的，其背后就是比例与组合。这些对初学者也是不容易参透的，但减少了故事性，总是可以集中精神在整体构图之美中着力。习惯了欣赏抽象画的美，就算在比例之美的进阶上入门了。

魔力悄悄话

　　要把比例之美用在绘画欣赏上，那就比较高深了。绘画的故事性非常浓厚，比例之美是以构图的方式隐藏在后面的，不是专家就只能于无形中感觉到，无法看得明白。

第九章 彩色心情

外貌美只能取悦一时,内心美才能经久不衰。

——歌　德

如果迫使人进入社会的是需要,在人心里培植社会原则的是理性,赋予人以社会性格的却只有美。只有审美的趣味才能导致社会的和谐,因为它在个体身上奠定和谐。

——席　勒

美丽是到处都受欢迎的客人。其所到之处,无不充满快乐、安宁与自由满足。

——卡尔勒

色彩世界

我们常常把繁华的社会称为"花花世界"，就是用丰富的色彩来描述人世的幸福感。但是花花世界同样有纸醉金迷与堕落生活的意味，可知色彩对我们精神生活的影响是多方面的、复杂的。

人的天性是喜欢色彩的。对于花花世界，我们很兴奋地用万紫千红来描述。

人类喜欢花，就是喜欢它的色彩亮丽。因此我们不妨把色彩丰富的美视为生物性的美感。我们的眼睛看到花朵，瞳孔就自然放大，与看到美女一样，所以文人通常把美女与花朵联想在一起。可是人类进入文明社会之后，对色彩之美就有不同的价值判断了。

中国古人对色彩的看法是原始的、象征的。顺着人的天性，把亮丽的色彩视为高尚的象征。

古代社会把色彩阶级化，黄色的地位最高，属于皇室专用，明黄只有皇帝可以使用。往下依次为紫、红、绿、蓝。黄、紫、红为花的颜色，绿、蓝为背景色，明、清官服的颜色就是按官阶来穿的，最低阶穿蓝袍。

一般老百姓如何呢？他们只能穿材料自然的颜色，或者是黑色、灰色。所以古代的老百姓有一个称呼——"黔首"，黔即是黑的意思。在过去，老百姓建屋只能用灰砖、灰瓦，木材柱梁、门窗如要上漆，只能用黑色。闽南建筑的红色是历史的偶然，在广大中国的他处是看不到的，这一直是建筑学者心中难解的谜。

当精神文明开始提升、人文精神显现的时候，这种原始人性就慢慢褪色，人们开始体会到"目迷五色"的问题，把色彩的象征与生活中的色感分开。在我们的日常生活中，颜色是很平淡的，属于自然世界的一部分。体会到五颜六色只是一时之灿烂，生命的常态是平淡而自然的。如果一味追求华丽，生命就迷失了方向。所以道家的思想与生活观到了后世就成为读书人的主流思想了。

平淡为雅、华丽为俗的观念，在一切文明社会都被视为当然。只有贵族与乡下人才喜欢亮丽的颜色，灰色黑色反而被视为高雅的符号了。对有隐逸思想的中国知识分子而言，自然才是最高的标准。因此从自然环境中取得的材料，不加人工，便被视为美。竹篱茅舍，原木的柱梁门窗，都有着清淡得不被注意的颜色，都是无法描述的颜色，但其特色就是与自然环境可以和谐共处。换言之，在有人文素养的社会中，对于颜色的价值判断，反而回到农耕时代了。

让我们回头看看农村的自然色彩。它的重要特色就是没有原色。我们放眼大自然，看到的是山林一片绿色，天空与河流是蓝色；秋天到来，田野里一片黄色；夕阳西下，阳光照射处云天一片红色。这些色彩反映在我们的脑神经中，我们一律以原色来描述与记忆，但我们真正看到的却是调和色，这是一般人未曾留意的事实。

真实的颜色没有原色，不但没有原色，而且还是一切颜色的混合色。当红、黄、蓝、绿各色混在一起的时候就是一种脏脏灰灰的无以名之的颜色。所谓红，是这种脏色加些红，所谓黄，是这种脏色加些黄。而我们眼睛看到的绿色，一定要与脏色混用，才是真实的颜色。大自然是没有原色的，所以十分调和，原色是人工的造物，所以看上去刺眼。

调和是色彩世界的基本原则。我们在生存的环境中，常常无觉于色彩的存在，因为色彩是生命的现象之一。用色彩来辨别物体是日常生活必要的举动，否则就无以营生。这些辨别的功能都在下意识的情况下运作，所以都不是具有刺激作用的。只有花朵在调和的背景中凸显，引起动物的注意时，人类才会对色彩产生短暂的兴奋，然而即使是花朵也极少为纯正的原色。

所以在生活的层面，"花枝招展"是不正常的，是低俗的。平淡的中间色才是属于生命的正常色调。到了近代，当日用品之色彩大多为人工着色时，就要考虑调和的重要性。当我们思考创造一个色彩环境时，极简的观念与平淡的观念就应成为思考的起点。

以衣着来说吧！

最早的衣服为植物纤维如麻、棉等织物的原色，那是粗糙的枯白色，勉强称为白色。古人最早发明染色，是使用植物煮成染料。从自然界取材，各种颜色都有，但其共同特点是灰暗。到今天仍然流行的是蓝染，可是已经自衣着转移到饰品上了。而把自然染织运用到生活中的现代化国家，恐怕只有热爱传统的日本人了。

当色彩的价值观在文明社会中抬头后，对在衣着上受到重视的原色的使用有很明显的分歧。其一是走象征路线的文化，以中国为代表，其二是走平淡路线的文化，以西方为代表。

其实中国衣着文化到清代也受到异文化的影响，产生了变化，渐向平淡路线倾斜。对于西方与日本文化，最明显的特点是，越是在非常隆重的仪式中，越是使用简单的颜色，那就是黑色与白色。他们视黑、白为最尊贵的颜色，所以是礼服的颜色。

中国新娘的衣服是红色，日本与西洋新娘的衣服是白色，两者都有象征的意味。中国新娘的红色代表的是喜庆与热闹。红衣本是禁止民间使用的，但婚礼则为例外，是经特许的。白色象征的是纯洁，代表新娘的贞操。

但是红色与白色所象征的意义在本质上是不同的，前者是意指结婚这件事的性质，后者则指新娘的人格。黑与白是人造的颜色中性质最明确的，也是对比最强烈的，然而两者在一起却能产生调和感，甚至可以相融。

黑白是无色，也是原色，在日常生活中不容易保持其纯粹性，因此也是高贵的、贵族意味的，有相当的仪典性。它必须与清洁维持并行，市井小民做不到，因此不是适合于生活的常色，在衣着上尤其如此。黑白的代用品就是灰，灰色是黑白的调和，也是一切色彩调和的基础，因此兼有与世无争、包容一切的感觉。出家人喜用灰色是这个原因，古代的读书人喜穿灰色的袍子也是这个原因。

美感——窗含西岭千秋雪

现代社会中色彩之运用非常广泛，但从事美术工作的专业人士通常着无色的衣装。建筑师与设计师大多喜用黑色，以别于一般大众，一方面为展现气质，同时代表他们对色彩无偏见的立场。

魔力悄悄话

在设计师的心目中，黑、白是最高级的色彩。如果业主同意，他们会以无色为其服务。因此现代注重品位的服务环境，如咖啡馆与餐馆，大多以黑、白定调，包括家具与器物在内。

对比的色彩观

现代主义时期在精神上是无色无形的，人们崇尚无色的纯几何形体，但是他们也知道无形无色的世界是缺乏生命感的，因此当时有些设计师想到使用单纯的原色于白色背景之上，一方面不会为色彩所乱，同时也可保有原色的亮丽。这种精神最常反映在艺术家的作品中，最具有代表性的是荷兰人蒙德里安。

这位先生把画面用垂直、水平的黑线画成格子，以白色为背景，所以在构成上是黑线与白底的组合，在这样纯粹的背景之上，他会把其中的几个框框中填上特定的原色，使画面呈现活泼的气氛。他有本事把世上的万物都简化为几条线，然后使用原色，画龙点睛般地创造了特殊的美感。

这种抽象的美感是从真实世界的物象逐渐化约而形成的。蒙德里安早年画风景时，即从观察自然的秩序出发，后来受立体派的影响，开始以线与面来简化自然，但仍然使用调和色为背景。50 岁以后他正式把物象化约为直线组合，使用多种原色；60 岁后即简化为一种原色，其余皆为白色与灰色。由之，对现代建筑与室内设计产生了深远的影响。尤其是室内设计，以白色为底的原色对比，与自然材质的调和色设计，形成两条主流，直到今日。大凡要求高品位、高格调的空间气氛者，常常采用此一对比的色彩计划，而不讲究色彩调和。

对比的色彩美以白色为底者是一种极端。比较常见的例子是室内设计中使用灰调的中性色系，仅凸显其中一件器物，如一把椅子或鲜亮的沙发上的坐垫。少了这一对比色，室内有时太过于舒服而令人昏昏欲睡之感。对比色有强振精神的作用。

美感——窗含西岭千秋雪

　　建筑界使用对比色的方法之一是在自然色或白色的背景中，选择一面墙壁使用原色。早年在住宅设计中，荷兰建筑师范·杜斯伯在基本为白色的建筑体上；把栏杆做成原色，此类设计至今仍使用在欧洲的集合住宅上。

魔力悄悄话

　　事实上，很少有人可以在日常生活中接受这种刺激力过强的设计，而是要求比较柔和的色感。这时候，要退回到蒙氏中年的色彩观，即以调和色为背景，选择性地突出重点为原色。

色彩调和的要义

美好亮丽的色彩既为人之天性，一般人虽不宜沉醉在强烈色彩中，在生活中仍希望看到多样的色彩。

因此在日常生活中，色彩的和谐是必要的，这也是在设计过程中有必要提出色彩计划的原因。

灰是一切原色的混合，所以可与各种原色相配合。

各种原色调入灰色后，即有温和、协调之感。但不可否认的是，色彩有个人的偏好。

色彩计划的意义，即在和谐的色感中呈现个人的喜好。这是一种颇细腻的计划需求。

国人由于习惯于强烈的原色，在色彩的要求上敏感度低，故鲜有对色彩有特别要求者。

使用有个性的调和色通常要落实在两个条件上：

其一是色系，也就是以原色之一为基础。有人喜欢红色，有人喜欢绿色，可以以自己所希望的原色为主色。调和色系中仍然以灰为调剂，但可透出各种以红为底色的色泽。

其二是色调，可大致分为暖色调与冷色调。调色盘上有一半的颜色予人以温暖之感，一半予人以冷清之感，视个人的喜好与个性加以选择。每一种颜色都可带有暖调或冷调。

在大自然中，阳光与火是暖调的根源，所以黄、红之间为暖色感的中心；天与水是冷调的根源，所以蓝与白之间为冷色感的中心。

喜欢温暖感的人在一切颜色中调入黄红色即可达到目的，同理，喜欢冷清感的人，要调入白蓝色。

美感——窗含西岭千秋雪

对于喜欢调色游戏的人，色彩世界是广大的，千变万化，有无限多的颜色。

比如，想想看冷色调的红色是什么样子？所谓"冷艳"又怎样用色彩表现？

魔力悄悄话

从自然色的平淡世界，到人工染色的花花世界，都可以找到美感，都可以有典雅的气质。如何善加利用，与我们自身的美感素养是直接相关的。

颜色对心理的神奇作用

我们眼睛视网膜上的锥状细胞，除了能够感光认知外，还有感觉分辨色彩的功能。锥状细胞分感红色素、感绿色素和感蓝色素三种。它与美术绘画色彩学上的三原色相类似。感红色素对红光最敏感，感绿色素对黄绿光最敏感，感蓝色素对蓝光最敏感。其余颜色的感受均由这三种细胞按不同比例分解它所含色素中得出。尤如绘画艺术中的色彩均由红、黄、蓝三原色调和得出一样道理。几乎全世界的心理学家和美术家均一致认为颜色对人的心理状态有着它特有的神奇作用，诱动着我们每一个人的生活意向。

大家都知道体育、音乐与人体健康的关系，与此相对，色彩对人体心理健康的影响却鲜为人所重视。而它正成为生活必须的调味品走进千家万户。

色彩最易操动人们的知觉、心理与情感。色彩是由光照显现的，没有光即无所谓颜色。是光创造了万紫千红的色彩世界和五彩缤纷的人类生活画卷。色彩的强弱变化充满着节奏与情调。不但大自然的色彩如此，在我们日常生活中的衣、食、住、行、用、玩等等都离不了色彩的影响。所以说，色彩艺术对人体心理健康的影响是不容忽视的。

当你看到色彩时，首先会勾引起对生活的联想与情感作用。海洋、冰雪，给人的感觉是清凉寒冷的，阳光、烈火却给人以温和的感受。紫红色富有刺激性，能使人振奋精神，注意力集中。蓝色调来自天空、大海，它给人一种心胸开阔、文静大方的情操，它又能使人受到诚实，信任与崇高的心理熏陶。绿色是大自然的颜色，常常给人一种祥和博爱的感受，它能令人充满青春活力。黄色是太阳的本色，它饱含智慧与生命力，让人显得年轻有朝气。看到白色，使人觉得纯洁可爱，红色的热情让人有一种勇敢的冲劲，它能鼓舞人的情绪。而紫色却是冷峻神秘充溢着高雅的灵性。黑色则显得阴沉老成……。俗语说："红配绿俗得哭"，"黄配紫丑得死"……等等这些现象都说明了人们对颜色的心理感受所引起的心理健康影响无所不在。

美国人的色彩意向微妙而多趣，他们每一个月都有一种代表色，一月月灰色，二月月藏青，三月月银色，四月月黄色，五月淡紫色，六月粉红色，七月蔚蓝色，八月深绿色，九月金黄色，十月月茶色，十一月月紫色，十二月月红色。这些消费者的色彩心理大大引起了美国商人的高度重视。

魔力悄悄话

色彩从色相来分有红调蓝调，从明度来分有亮调暗调，从纯度来分有新鲜与灰旧，从冷暖来分有冷调暖调，从情感来分有活泼与静雅。明丽的色彩胜于轻浮，但明丽乃至妖艳则令人侧目。色彩的活泼强于单调，但活泼到了花俏则叫人生厌。

智慧的色彩

人本身就是个矛盾的存在，我们在矛盾的人生中人只能是随波逐流或追求不断的平衡和完善，追求一切完美都只能在梦里、想象里或文字里……虽然人的精神或意识层次上是带有某种"神性"的，但人不可全能的遗憾是个体生命的必然。

智慧是划分区域的。从商的智慧是金色的，从政的智慧是血色的，爱情的智慧是无色的，仇恨的智慧是黑色的。没有谁的智慧是万能的，所以人们在一些领域绝顶聪明，在另一个领域混沌不堪。

世上有一种伪坦率，最需提防。

伪坦率是一种更高水准的虚伪，它利用的是一种人们对坦率的信任。

坦率其实不说明更多的问题，它只是把双方的意见公开出来，本身不等同真诚。

人生有无数的岔道，在分歧的路口，多半摆着诱惑。我们常常被物质的光怪陆离耀花了眼睛。

眼睛当然是有用的。但有时闭上眼睛的时候，我们才能更好地倾听心灵的回答。

我对赞同我的人，感悟的是他的善意。

我对反对我的人，考察的是他的智慧。如果在赞同者那里看到的是逢迎，在反对者那里感觉的是愚昧，那么这两种人的意见我都不屑再听。任凭人们议论我的孤僻和不逊，自己并不在意。

生命是为自己而存在的。它是一种朴素而自然的事情，不是在众人之前的杂耍。

拒绝是一种删繁就简。拒绝是一种举重若轻。拒绝是一种大智若愚。

拒绝是一种水落石出。

当利益像万花筒一般使你眼花缭乱之时，你会在混沌之中模糊了视线。尝试一下拒绝吧……

拒绝犹如断臂，带有旧情不再的痛楚。

拒绝犹如狂飙突进，孕育天马行空的独行。

拒绝有时是一首挽歌，回荡袅袅的哀伤。

所有的商品和文字相比，都是速朽的。

对于现世，人们注重物质。

对于久远，人们更注重精神。

当那些最勇敢最智慧的人们，攀到前所未有的高度时，迎接他们的是严寒与荒凉。

面对纷繁的星空和遥远的黑洞，你踏出高贵而孤独的脚步。

你极有可能走错，湮灭如灰尘。

钻石是我们这个星球上最坚硬的物质。那么钻石是靠什么物质来切割打磨它的呢？

答案——靠另一颗钻石。

钻石自己敲打自己，是为了完美。人类也需要他人不断的敲打。

期望能给人勇气也易引起沮丧，关键在于期望的"值"。期望既不应太少也不能太多，但适中的量很难掌握。两者比较，若是对自己，我以为还是期望得多一些为好，失败了虽易颓唐，但有时也会激起意料不到的勇气。若是对他人，期望值还是少一些为好，比较少失望和伤害。

世界上有些事情，记住，永不要说。

你不说，就没有任何人知道。

你不知道我不知道，我们永远都不需要知道。不要把错误想得那么分明。不要去讨论那个过程，把它像标本一样在记忆中固定。有些事情不值得总结，忘记它的最好方法就是绝不回头。也许那事情很严重，但最大的改正是永不重复。

了解一个人最大的缺点比了解一个人最大的优点更重要。因为忍耐比欣赏要艰难得多。

被人利用还不是人生的大不幸。人要是完全无法被人利用，才是最悲哀的。

我知道了什么叫作崇高。它其实是一种发源于恐惧的感情，是一种战胜了恐惧之后的豪迈。

我会在没有人的暗夜，深深检讨自己的缺憾。但我不愿在众目睽睽之下，把自己像次品一般展览。

不要以为普通的小人物就没有尊严。不要以为女人的尊严感天生就薄弱于男人或人类的平均值。不要以为曾经失去过尊严的人就一定不再珍惜尊严。

崇高的侧面可以是平凡，但绝不是卑微。

魔力悄悄话

一个人最少需要一种非功利的爱好。比如爱钓鱼，并不是为了解馋。爱书法，并不是为了卖钱。爱跑步，并不是要创世界纪录。爱跳舞，并不是为了上台表演……

它不仅仅是富裕的精力有所依附，主要是精神有了舒展自如的安置和发挥，感受到人生的美好真谛。

空白也是一种色彩

佛在菩提树下大彻大悟。我在灶台旁茅塞顿开。世界上并非所有的事情都值得全心全意去做，适当的空白也是一种色彩。

我们花很长时间吃一枚很小的水果。我们用一上午读一本很久没有读完的闲书。我们整整一天都穿着睡衣在房间里游来荡去。有时，我们就这样悠闲地度日，因为发现事业固然是我们必须营造的圣殿，但在这个圣殿的后面还应该有一个花园。

男人们忙忙碌碌，争取金钱和地位，沉溺于琐事和俗务，让头衔、身份、财产充满生命的每一个角落，这种没有空白的生命，最终有几个不是赢了别人，输了自己。

空白是不着一字的风流，是无为而至的悠然，是一种闲适而富有的自然存在，是人生的一种智慧和哲学。空白能解开功名的绳索，能卸下利禄的重负，它是享受生活的营地，是生命大吐芬芳的良宵。

没有空白的人生是一个充满欲望的人生，这样的人生永远都不会有心灵的宁静，不会有恬静的陶醉，不会有精神的愉悦，更不会有人与自然的交融。

魔力悄悄话

在这个世界上，生活的艺术，有时就是一门留白的艺术。

让色彩替你说话

把色彩心理学的研究应用到服饰上，确实能达到某些实用性的效果。服饰的色彩是抽象的语言，它能在你尚未开口讲话前，就传递一些特定的讯息给对方，让对方产生相关的联想，甚至引起某些细微的反应。

一般而言，"中性色"是最实穿的颜色，适合用来当专业穿着的主色。

穿对色，好处多。以下就为你介绍各种中性色服饰色彩语汇：

黑色：

象征权威、高雅、低调、创意；也意味着执着、冷漠、防御，端视服饰的款式与风格而定。黑色为大多数主管或白领专业人士所喜爱，当你需要极度权威、表现专业、展现品位、不想引人注目或想专心处理事情时，例如高级主管的日常穿着、主持演示文稿、在公开场合演讲、写企划案、创作、从事跟"美"、"设计"有关的工作时，可以穿黑色。

灰色：

象征诚恳、沉稳、考究。其中的铁灰、炭灰、暗灰，在无形中散发出智能、成功、强烈权威等强烈讯息；中灰与淡灰色则带有哲学家的沉静。当灰色服饰质感不佳时，整个人看起来会黯淡无光、没精神，甚至造成邋遢、不干净的错觉。灰色在权威中带着精确，特别受金融业人士喜爱；当你需要表现智能、成功、权威、诚恳、认真、沉稳等场合时，可穿着灰色衣服现身。

白色：

象征纯洁、神圣、善良、信任与开放；但身上白色面积太大，会给人疏离、梦幻的感觉。当你需要赢得做事干净利落的信任感时可穿白色上衣，像基本款的白衬衫就是粉领族的必备单品。

海军蓝（深蓝色）：

象征权威、保守、中规中矩与务实。穿着海军蓝时，配色的技巧如果没有拿捏好，会给人呆板、没创意、缺乏趣味的印象。海军蓝适合强调一板一眼具执行力的专业人士。希望别人认真听你说话、表现专业权威时，不妨也穿深蓝色单品，例如：参加商务会议、记者会、提案演示文稿、到企业文化较保守的公司面试或讲演严肃或传统主题时。

褐色、棕色、咖啡色系：

典雅中蕴含安定、沉静、平和、亲切等意象，给人情绪稳定、容易相处的感觉。没有搭配好的话，会让人感到沉闷、单调、老气、缺乏活力。当需要表现友善亲切时可以穿棕褐、咖啡色系的服饰，例如：参加部门会议或午餐汇报时、募款时、做问卷调查时。当不想招摇或引人注目时，褐色、棕色、咖啡色系也是很好的选择。

红色：

红色象征热情、性感、权威、自信，是个能量充沛的色彩——全然的自我、全然的自信、全然的要别人注意你。不过有时候会给人血腥、暴力、妒忌、控制的印象，容易造成心理压力，因此与人谈判或协商时则不宜穿红色；预期有火爆场面时，也请避免穿红色。当你想要在大型场合中展现自信与权威的时候，可以让红色单品助你一臂之力。

粉红色：

粉红象征温柔、甜美、浪漫、没有压力，可以软化攻击、安抚浮躁。比粉红色更深一点的桃红色则象征着女性化的热情，比起粉红色的浪漫，桃红色是更为洒脱、大方的色彩。在需要权威的场合，不宜穿大面积的粉红色，并且需要与其他较具权威感的色彩做搭配。而桃红色的艳丽则很容易把人淹没，也不宜大面积使用。当你要和女性谈公事、提案，或者需要源源不绝的创意时、安慰别人时、从事咨询工作时，粉红色都是很好的选择。

橙色：

橙色富于母爱或大姐姐的热心特质，给人亲切、坦率、开朗、健康的感觉；介于橙色和粉红色之间的粉橘色，则是浪漫中带着成熟的色彩，让人感到安适、放心。但若是搭配俗气，会给人婆婆妈妈的感受。橙色是从事社会服务工作时，特别是需要阳光般的温情时最适合的色彩之一。

黄色：

黄色是明度极高的颜色，能刺激大脑中与焦虑有关的区域，具有警告的效果，所以雨具、雨衣多半是黄色。艳黄色象征信心、聪明、希望；淡黄色显得天真、浪漫、娇嫩。提醒你，艳黄色有不稳定、招摇，甚至挑衅的味道，不适合在任何可能引起冲突的场合如谈判场合穿着。黄色适合在任何快乐的场合穿着，譬如生日会、同学会，也适合在希望引起人注意时穿着。

绿色：

绿色给人无限的安全感受，在人际关系的协调上可扮演重要的角色。绿色象征自由和平、新鲜舒适；黄绿色给人清新、有活力、快乐的感受；明度较低的草绿、墨绿、橄榄绿则给人沉稳、知性的印象。绿色的负面意义，暗示了隐藏、被动，不小心就会穿出没有创意、出世的感觉，在团体中容易失去参与感，所以在搭配上需要其他色彩来调和。绿色是参加任何环保、动物保育活动、休闲活动时很适合的颜色，也很适合做心灵沉潜时穿着。

蓝色：

蓝色是灵性知性兼具的色彩，在色彩心理学的测试中发现几乎没有人对蓝色反感。明亮的天空蓝，象征希望、理想、独立；暗沉的蓝，意味着诚实、信赖与权威。正蓝、宝蓝在热情中带着坚定与智能；淡蓝、粉蓝可以让自己、也让对方完全放松。蓝色在美术设计上，是应用度最广的颜色；在穿着上，同样也是最没有禁忌的颜色，只要搭配得宜，都可以放心穿着。想要使心情平静时、需要思考时、与人谈判或协商时、想要对方听你讲话时可选择蓝色。

紫色：

紫色是优雅、浪漫，并且具有哲学家气质的颜色。紫色的光波最短，在自然界中较少见到，所以被引申为象征高贵的色彩。淡紫色的浪漫，

美感——窗含西岭千秋雪

不同于粉红小女孩式的，而是像隔着一层薄纱，带有高贵、神秘、高不可攀的感觉；而深紫色、艳紫色则是魅力十足、有点狂野又难以探测的华丽浪漫。若时、地、人不对，穿着紫色可能会造成高傲、矫揉造作、轻佻的错觉。当你想要与众不同，或想要表现浪漫中带着神秘感的时候可以选择紫色服饰。

魔力悄悄话

色彩如同人身体每日必需的多种维生素，如果你偏食某种维生素，就会造成摄取不均衡，长久以往会影响身体健康。穿衣用色的道理与之有相似之处，把漂亮的适合你的颜色穿在身上，不仅可以使你天天开心天天有好运，还会让你看起来光彩而和谐！

选对色彩穿出好心情

你有没有意识到，当你心情很好的时候做起事来总是事半功倍，而当你心情糟透了的时候却好像事事都与你作对，倒霉的事情似乎在一天之内全发生了，于是你的心情就越发糟糕。究其原因，很多时候使你身心失衡的根源就在于你错误的穿着色彩。科学家们曾做过这样一个有趣的实验，把两个同样青涩的西红柿放在一起，一个用红布盖上，另一个则盖上白布，过了一天打开布一看，用红色布盖着的西红柿已经明显变红熟透了，而用白布盖着的则只是略微有些变红而已。这个实验表明色彩是有能量的，并且不同的色彩蕴涵能量的大小也不同。

而人类作为自然界中的一个动物种类，其自身也是带有一个能量的小磁场，可以想象如果你的能量磁场与你每天必须穿着的服装颜色的能量磁场相加，那你的能量就会增强，而如果你穿的服装颜色与你的能量磁场正好相斥，其结果就如同盖了白布的西红柿——你的能量不但不会增加，还会阻碍你自身能量的发挥。所以你的心情好不好，运气顺不顺，与你日常的穿着用色脱不了干系。

那么，怎么测定自己的能量磁场呢？其实你的色彩基因就是你的能量磁场的一种表露形式。例如你是个发色呈柔软的赫色，皮肤白皙或是珊瑚粉色且易长雀斑，甚至眉毛及眼球的颜色也呈浅赫色的人，适合穿浅而明亮的带黄色调的暖颜色衣服，如鲑肉色、苹果绿、鹅黄、珊瑚红等。

只有穿此类颜色的衣服才能使春季型人的你变得积极有活力；而属于冷色系的夏季型人有的发色不是很黑也不如春季型人那么黄，且皮肤中带粉红色，使其能量更有效地发挥的颜色是蓝色、紫色及玫瑰粉色等

美感——窗含西岭千秋雪

带蓝调的颜色；属于暖色系的秋季型人，发色、眉眼及皮肤的颜色都比春季型人要深很多，一般呈深赫色，使此类型人产生渴望与创造力量的颜色有咖啡色、橙色、芥末绿、砖红色和金色等；与夏季型人同属冷色系的冬季型人，肤色不是苍白就是较深暗，但有着乌黑的头发，黑白分明的眼睛，此类型人多属于浓眉大眼型。最佳的幸运色是色彩鲜艳纯正的带蓝色调的颜色，如宝蓝、大红色、艳玫红、松树绿和纯黑色等。

魔力悄悄话

　　如果你的能量磁场与你每天必须穿着的服装颜色的能量磁场相加，那你的能量就会增强，而如果你穿的服装颜色与你的能量磁场正好相斥，结果你的能量不但不会增加，还会阻碍你自身能量的发挥。

让色彩在秀发间跳跃

原以为染发只是街头前卫女孩儿的专利，然而看着身边很职业的女同事们也纷纷染了头发，感觉还真是不错。虽然只是染了染头发，可是好像让整个人都提了色似的。

翻开时尚杂志，常有染发产品的精美广告扑面而来，而最能打动人心的是广告中成熟女性的形象，这些染了发的女士成熟中更增添了动人的风韵。

但是大家都知道，东方人与西方人的发色与肤色有所不同，选择怎样的色彩最合适呢？

据资深美发师介绍，虽然可选择的色彩很多，但是综合各方面因素，棕黄色和深酒红色是最适合亚州人的色彩。棕黄色高雅、理性，深酒红色则含蓄、雅致，冷暖两色各有风情。皮肤比较白皙的女士宜选用棕黄色，有一点点西方美女的味道。我们身边的不少女性，面色有点黯然无光，如果选择深酒红色，会让面色看起来更有光彩。

现在的染发产品比较多，但是建议女士们去专业发廊，由专业人士选择饱和度比较好的染发剂染发。

这是因为发尾和发根的着色速度不同，每个人的发质也不同，头发色彩的饱和度就会千差万别。如果你的秀发上再有一些底色，处理起来就更难掌握，这也是在家庭中自己染发着色不均匀的问题所在。而在专业发廊，美发师采用双氧剂，可以将颜色渗透进发髓。再经过空气变色，可以调节出满意的饱和色度。

染完头发只是第一步，您还需要使用染后专用洗发水，定期做营养倒膜护理。

这是因为染发后，头发出现不同程度的干涩，染后保养可以修复染发过程中受损的头发表皮鱼鳞片。如果不进行护理，你的秀发可能会弯曲、毛糙，严重的还会出现发尾分叉。

魔力悄悄话

繁忙的工作、平淡的生活，少不了的是心情的调剂。去染个发吧！给秀发一个全新的色彩，给自己一个美好的心情，让美丽从头开始。当色彩跳跃于你的秀发，是不是觉得自己的生活也增添了些许的情趣？

第十章 培养音感

音乐是上天给人类最伟大的礼物。

———柴科夫斯基

音乐之目的有二，一是以纯净之和声愉悦人的感官，二是令人感动或激发人的热情。

———罗杰·诺斯

拥有音乐，对人的一生而言已然足够，但是，只用有限的一生去拥抱音乐，是不够的。

———拉赫曼尼诺夫

音乐，是人生最大的快乐。

———冼星海

极具潜力的音乐治疗

使用音乐来治疗疾病在历史上早已有迹可循，音乐与医疗的密切关系甚至可追溯至远古文化中，其内容则叙述咒语对治疗疾病的用途。至今现存各原始民族的巫医或各种民俗疗法的治疗者，其实也多运用不同形式的音乐来治疗各种心理及生理问题；甚至在各种宗教的不同仪式中，音乐也都扮演着不可或缺的角色。

到了15世纪的文艺复兴时期，现代西方医学开始突飞猛进，于是医学便逐渐朝向纯粹科学方面发展，而音乐则趋向纯粹艺术方面进展，音乐与医学之间的关系就从这个时候开始分道扬镳。直到19世纪初期，欧洲一些精神科医师发现，有些病患虽然对于种种刺激都没有反应，却唯独对音乐有感受力。此后，音乐和医学的联结又渐渐被重视。20世纪初，欧美各国的各个残障机构、教养院及特殊教育学校也开始运用音乐来改善残障儿童和成人的各种身心困扰，而且发现成效相当良好。

音乐治疗成为正式学门始于第二次世界大战期间及稍后，也就是在音乐开始被注意到能够促进复原及治疗"战壕休克"病人之际。之后不久，为了提升音乐治疗的科学性及提供学者们有关的准则与支持，美国的国家音乐治疗协会成立于1950年，美国音乐治疗协会则创始于1971年。由于音乐疗法之应用广泛，过去40年来其在不同临床领域的应用一直受到重视。从文献上可以看出，音乐疗法于现代精神医学之应用，早于19世纪50年代及60年代便被重视；自1980年起，则更推广到其他身体医疗上之应用。

音乐治疗有许多可能的应用方式，所以研究者必须下一个操作性定义以了解音乐的治疗潜力。

音乐疗法的特点：

事实上，音乐能够被作为一种深具潜力的治疗工具，是由它所潜在的特性决定的：

1. 音乐能直接影响一个人的内在感情；

2. 音乐能使一个人得到对"美"的满足感；

3. 音乐能诱发一个人的活动力；

4. 音乐是多元性的；

5. 音乐是一种非语言的沟通工具；

6. 音乐有一定的构造性与组织性；

7. 音乐活动能使一个人感到自我满足；

8. 音乐活动能促进一个人统合运动机能；

9. 音乐活动能帮助一个人宣泄在的情绪；

10. 团体音乐活动能帮助促进人际关系。

音乐治疗的理论基础：

虽然经过许多学者数十年的努力，音乐治疗的效果至今仍没有一致性的定论；不过已有一些源自经验性研究结果的理论性概念被发展出来，其中有部分概念更可被引以作为支持用音乐治疗一种独特的治疗模式的证据。摘要这些发现如下：

1. 音乐可引发生理反应，但很难预料这些反应的方向；

2. 音乐可引发心理（情绪/情感）反应；

3. 音乐或许能引发想象及联想；

4. 音乐可引发认知反应；

5. 音乐有引发生理及心理"共鸣"的潜力；

6. 每一个体对音乐之生理的、心理的与认知的反应均是独一无二的；

7. 音乐可同时引发心理的、认知的及生理的反应；

8. 每一个体对音乐既有的了解程度及喜好度，与所引发的心情以及生理反应很有关系，另外，其他的一些个人差异性也会影响对音乐之反应；

9. 音乐之成分与音乐整体（gestalt）一样，均会对心理及生理产生影响；

10. 音乐对其他治疗方法可能有增强或减弱之影响；

11. 对音乐之心理及生理反应可能是不一致的或/及相反的；

12. 除了聆听之外，某些音乐经验可能有助于压力处理；

13. 音乐之震动特性可能成为压力处理之有力因素；

14. 对音乐之生理的、心理的以及认知的反应可能因音乐训练而异；

15. 由于音乐主要应用在右大脑半球的功能，或许可用来阻断左大脑活动以及促进右大脑的运作；

16. 音乐可作为正增强物来强化想要的行为，聆听或参与音乐历程是一种愉快的经验；

17. 音乐可借由作为一种结构性暗示，提供个体生理放松的线索，亦可当作注意集中点，因而可从分心状态或诱发焦虑之思考中再集中注意力；

18. 音乐可作为放松及积极性感情反应的一种诱发刺激；

19. 音乐或许可作为自律神经系统活动的一种制约刺激物。

魔力悄悄话

音乐治疗是一种系统化的介入过程。音乐治疗师运用种种医疗经验及在其间发展出来的各种关系，作为改变的动力，来帮助病人获得健康。根据此定义，音乐治疗之必要成分包括：一个有明确治疗需求之病人、一位受过训练的音乐治疗师、一段有目标导向的音乐历程、音乐素材及一份有关治疗效果的评估。

音乐能引导出 α 脑波

音乐对于人的身心的确具有治疗作用。根据研究显示，某些音乐特有的旋律与节奏能使人的血压降低，基础代谢和呼吸的速度减慢，使人在受到压力时所产生的生理反应较为温和。

西方国家将音乐配合医疗体系，广泛应用于各种心理及生理治疗之中，已不是新鲜的事了。

音乐的治疗功能，另一方面是透过音乐的物理作用，直接对体内器官产生共振效果。因为声音是一种振动，而人体本身也是由许多振动系统所构成，如心藏的跳动、胃肠蠕动、脑波的波动等。

当听到音乐产生的振动与体内器官产生共振时，会使人体分泌一种生理活性物质，调节血液流动和神经，让人富有活力、朝气蓬勃。

此外，音乐具有主动的、积极的功能，是提升创造、思考，使右脑灵活的方法，并且能引导出重要的 α 脑波。

特有的音乐节奏与旋律，能够使我们平常较常用的主管语言、分析、推理的左脑，得到休息；相对的，对掌管情绪、主司创造力、想象力的右脑则有刺激作用，对创造力、信息吸收力等潜在能力的提升有很强的效果。

在 19 世纪初期，音乐就已经被用来促进病人的睡眠。医师指出，失眠患者聆听适合的音乐，确实可减少安眠药及镇定剂的使用。

音乐的节奏会影响人体的荷尔蒙；相对于年轻人，老年人的新肾上腺素有明显的增加；该激素已经在最近的医学研究证实与睡眠的发生及夜间醒来的次数有关。音乐促进睡眠的科学研究已在德国、美国及前苏联等国家陆续被证实，美国医学审查委员会早已公布大多数的安眠药在病人使用两周后便失去疗效。基于上述原因，音乐治疗渐受重视，并已经受到医护人员普遍的使用。

虽然各个研究使用不同的音乐，但其音乐都有一个共同点：音乐节拍都略等于人类心跳的速率。节奏太快或太慢的音乐都不适于用来促进睡眠；节奏太快会让人紧张，太慢则会令人产生悬疑感。

医学实验证明，音乐的类型会影响脑部血液的循环，有的音乐会增加脑部的血量，使血液活动顺畅；有的相反，会降低血液循环的速度，缓和外界的刺激。

例如，在餐厅吃饭，柔和的音乐可使食欲及消化顺利，充分享受用餐的满足和愉悦，但是旋律快速的舞曲或节奏强烈的进行曲，则会使用餐的心情紧张，影响消化系统的功能。

并非任何悦耳的音乐都可以达到提升心灵的疗效！根据美德日音乐心理学家研究实证指出：如果我们聆听的乐曲无法让我们感到亲切的话，就无法达到放松神经、解除压力的效果。

魔力悄悄话

我们脑内的 α 波主宰人体安定平静的情绪，透过常听心灵治疗的音乐能有效加强 α 波，凌驾其他不安的脑波，达到身心松弛、心境稳定平和的效果。

为你疗伤的灵魂恋人

当音乐拨动心灵的琴弦，任何一种颤动都会如潮般涌来。这样的颤动，这片只有音乐带来的宁静渗透了内心深处的每一个角落，一股不知名的温暖便会不由地袭上心头。纵使你在风暴来临之前，在孤独之中或是失意之后，这股温暖总是深深地安慰着你的心。这便是轻音乐，这就是轻音乐的魅力。

如果试过在宁静的夜里沉思，倾听这个世界在转了一天之后究竟想说些什么，那么你该会同意，其实真正的寂静，并非是全然无声的。夜晚的寂静，是由一种如泡沫般细腻、如薄纱般绵密的声响所编织成的。它随着空气存在，无色无味，比醇酒更迷人，比鲜花更芳香……这就是轻音乐。它来自自然，它营造自然，它像一件宽大而舒适的袍子，在你真正面对自己的时候，包裹着你，温暖着你，承托着你……

也许你会诧异，真的有这么神奇的音乐吗？有的，那便是轻音乐。试试看吧，在某个心情被雨淋湿的夜晚，品味自己钟爱的咖啡，让音乐从 CD 中缓缓地溢出。片刻，你的心就被这种音乐一点一滴地征服，身体让音乐所支配，眼前渐渐展现出另一个世界，没有争斗，没有虚伪的世界，有的只是抚面的风、芬芳的花香，以及一望无垠的草地或者是一轮皎洁的明月挂在星光闪烁的夜空中。蓦然间，你会惊奇地发现音乐竟陪伴你走过了漫漫长夜，也许你还会豁然开朗。

任何的情感，即便是生命长河中最唯美的爱，或由于爱而产生的恨，都是心中最宝贵的记忆。虽然有时痛楚多于甜蜜，有时泪水多于欢笑，但混合着音乐的感情，会将灵魂引领到另一片广阔的天地。或许当你从音乐中回来，回到现实中，所有的感觉又将有另一份超越世俗的情愫产生，心中多了别样的感情；涌动的心从此不再为一份情感所牵挂，你会明白世间有太多太多的东西牵绊着我们，为何要固执地只是在乎其中的一点呢？

哪怕是伤害也好，抛弃也罢，为了一份逝去的感情，而使你身边的人一个个离开你，值得吗？也许失去的总是美好的，可是也千万别忘记你身边的那个人，那个默默等待着你的人。让逝去的伴着音乐的味道，埋藏在心的最深处，当很久很久以后，回忆时，你会发现这是你的音乐，只属于你的音乐，美丽而遥远，就好像晴朗的夜晚闪烁于天际的繁星……

魔力悄悄话

世俗的任何一个不和谐的音符都是社会的必然结果，无能为力的事实，我们这些平凡的人为何要陷在泥潭中不可自拔呢？毕竟让灵魂升华至安详柔美的伊甸园，才是心灵最终的归属，不是吗？

音乐的作用

《诗品》有云："气之动物，物之感人，故摇荡性情，形诸舞咏。照烛三才，晖丽万有，灵祇待之以致飨，幽微藉之以昭告。动天地，感鬼神，莫近于诗。"

这自然是欣赏诗歌的心态写照，但我想对音乐的感觉又何尝不是如此。这首歌曲大概表达的就是对感情的至死不渝的忠贞吧，我很赞赏原创的灵感，能够用如此优美的乐调与歌词表述自己的心迹。是否这就是在某一次特定的境遇里与自己心仪已久的知己的心灵碰撞？于是在兴致之下挥洒如此感彻心扉的歌词，我想他该未曾料到若干年后有一个善感的人会在这点上与之形成共鸣吧。

我常有过这样的感触：独自漫步于某一河畔或一片笼于天穹下的原野，不觉间便思接千载，视通万里，总感觉隔着一条巨大无形的鸿沟，曾隐匿在历史教科的某一角色，似乎在这狭窄的空间里有精神之外的另一个自我？

历史的无限的循环论不免让我也沉浸在这条长河中，时间是在无限的延长中复制着生命的履历，于是感触在某一刻就具有了互通性，这该不足为奇了。

音乐永远是通过无形的音符节奏传达人间最普遍的情感，这即是音乐的共时性，它借此历经岁月而不褪色，感染一代而又一代的人，这就是音乐的历时性。

这是从时间角度去区分，音乐大概可归为三类：具体演奏的实用化音乐，这类音乐为大众所接受；抽象的音符组合，这类音乐有节奏的响声即可，如早期的人们劳作传达交流信息的；自然之声，大凡自然里的美妙的音响都属于这类，这与前两类不同的是，这种音响没有打上人的烙印，没有展现出人的本质力量。

音乐最大作用在于其教化感染作用，比如那高亢的小军鼓或雄浑的大军鼓演奏，那吹响前进的号角，几乎就是冲击生命和思想的极限，这在某种程度上说是种跨越，它以其共性化的磁力感召着人们，它的作用不可忽视，譬如在原始社会，人们无法传达劳动合作的信息，由于没有具体交际的语言，就只能通过"杭唷杭唷"声来沟通，据说这就是原始的音乐，从这开始，音乐就成了一种交际交流的约定俗成的仪式。

音乐的传达有时是单向的，并不是在何时何地都能沟通多人的情感的。至少史上已有先例，钟子期与俞伯牙那高山流水之音，那砸琴的碎声至今令人扼腕，难道音乐真的如此玄妙么？以至于会有一个欣赏者在音乐无尽的国度里陨落，那架曾拨弦转轴无数的琴腔就变得如此呜咽悲怅？让那段纯正的音符永远消逝在那条黄尘古道上？

当然音乐并不是不受任何因素影响的空中楼阁，文化背景的差异影响往往影响音乐的风格（流派、类型）、音乐语言、节奏、旋律、调性、配器……加上乐器的发展史等。知音大概就是如此吧。何谓知己？至少应该在音乐情感这点上要彼此形成共鸣，只有情感上互通的人才不至于将友情建立在那没有根基的空中楼阁上。我曾幼稚地把至情朋友肤浅地理解为在生活中的细枝末节上的苟同，将美丽的爱情理解为一时间那编纂得无比精妙的誓言，于是沉浸在一段暂时的欢喜中，结果却是大喜大悲一场。

真正永恒的爱情必定是经历过刻骨铭心或血雨腥风后的苦痛记忆，即便是无尽的等待。

一段苦难一分情，那跌宕起伏的风波不正是跳跃于生命琴弦上的动感的音符么？无形中串联起两颗长相厮守的心脉，抽象的音乐有时比具体的音乐更具韧性。

也许守望一片精神寂寞的天空会让人充满忧伤，至少是种孤独的等待。

等待，注定与寂寞相存吗？然而多少芸芸众生不曾想过，等待一次美丽的人间相遇要胜过无数平凡的耳鬓厮磨。君不见，那银河上七夕金风玉露的相逢，让多少人间艳羡，因为那是人间无数生灵夙愿的嫁接，是人间情感跨越时间的最动感的音符，形之于那七彩桥上，至今令无数生灵敬仰。

魔力悄悄话

音乐是镶在人类精神高峰的一颗永不凋零的明珠，它建立于上层建筑之上，并且与经济基础相隔最远，于是它不与经济历史发展成正比，换句话说它具有超历史的时空性，它具有永恒的生命力，这就是音乐佳作不朽的原因。

音乐是女人心灵的伴侣

音乐是女人心灵的伴侣，是天使的语言，它最容易触动我们的心灵，带给我们至美的享受。

美妙的音乐带给我们美的享受、情的陶冶、心的传递。听音乐时，可以让人忘记一切，忘记痛苦，忘记挫折，忘记寂寞，忘记悲伤。忧郁的时候，不妨在音乐中寻找乐趣；失意的时候，不妨在音乐中寻找自强；彷徨的时候，不妨在音乐中寻找真诚；迷惘的时候，不妨在音乐中寻找友爱。

音乐，可以打开我们闭塞的心灵，获得生命的永恒。

音乐之所以能给人以艺术的享受，并有益于健康，正是因为音乐有动人的旋律。

音乐是女人心事最高时尚最浪漫的表达，也是抚慰女人心灵的和煦之风。音乐能刺激你的感官，激发联想，还能使心灵得到满足，身体得到放松，并且可以抚慰生活压力下积累起来的紧张情绪，让人精神振奋，欢欣，轻松自如。

音乐力量是无穷无尽的，或如《高山流水》气势磅礴，或如《梅花三弄》婉转缠绵，《二泉映月》哀婉动人，《梁祝》凄美断肠……不一样的时刻，不同的心事和心情，独上西楼，望断天涯，寂寞无处遣的时候，音乐是最好的寄托，依水而立，一曲诉尽无限心事。

现代女性只要能领悟其中的内涵，你就会有愉悦欣赏的感受，因为真正的音乐其实就在你心里，一旦焕发出来你的身心自然情不自禁地随音乐而起舞。

对于现代女性，心灵音乐及传统音乐都是最好的听觉来源。

美感——窗含西岭千秋雪

在办公室的背景音乐中，在寓所客厅环绕音响之间，或者就是一个随身听，都能让你随时随地沉浸在音乐的洗礼中，让心灵更加宁静与纯净。

魔力悄悄话

音乐是天使的语言，它最容易触动我们的心灵，带给我们至美的享受。音乐是高尚的艺术形式，它可以陶冶情操，交流感情，为生活增添魅力。

触及微妙的大自然

我们身边的自然之美，不能只用视觉来观赏，而要用五感去玩味，这样才会有更深的机会。

例如小草，触摸之后发现有的干硬，有的柔软，有的带着独特味道，各有特征。同时我们也会知道，柔软的草和干硬草，它们表现的质感有着微妙不同。

另外，水和风也很有意思。

随着水势大小、形状不同，水的声音也会完全不一样。形态变幻万千的水，曾经给予古今东西作家无限灵感。

而下雨的声音，更是一种独具魅力的声音材料。

下大雨时是哗啦哗啦声，下小雨时是滴答滴答声，滴落在雨伞上是"噗呼噗呼"声，仿佛可以清楚听见每一个水滴的声音。还告诉我们雨已经停止的那段雨后的寂静。

雨水、海洋、河川、瀑布……"水"的声音种类相当丰富，而"雨"的声音别具韵律感、变化感。

作曲家肖邦在雨季连绵的岛上写下《雨滴前奏曲》，另一位作曲家德彪西也曾经写过一首名为《雨中庭院》的曲子。

《雨滴前奏曲》表现了啪答啪答滴水的节奏，描写的应该是一场雨势不大的小雨。而《雨中庭院》拍子极快，音符也很多，感觉上一场哗然落下的大雨。说不定肖邦、德彪西就是一边聆听雨的音色和节奏，才兴起了"这应该可以成一首曲子"的念头。

在 2005 年的肖邦钢琴大赛中，进入决赛的少年钢琴家过井伸行身患视觉障碍。据说每当过井伸行外出到海边或山里游玩，母亲就会对吃着便当的他说道："潺潺的流水声真好听……"

除此之外，我们还可以用肌肤去感觉风的劲道，用耳朵去感觉风的声音。

台风来的时候大风呼呼，夏日午后雷阵雨之后吹的是凉爽宜人的清风，春天吹的强风，粗暴狂乱，带来混浊不清的空气。

魔力悄悄话

音乐是最好的寄托，临水而立，一曲诉尽无限心事。因为真正的音乐其实就在你心里，一旦焕发出来你的身心自然情不自禁地随音乐而起舞。

用"心"聆听

一流艺术家都具备优异的音乐技巧和乐感，但是这些因素的基础，就在于敏锐清晰的五感天线。视觉、听觉、触觉、嗅觉、味觉——这五感之间都互有关联。

据说调音师村上辉久先生，在波里尼家中替这位 20 世纪极具代表性的钢琴家调音时，波里尼端出一块蛋糕招待他，并且要求"请让钢琴的音色更接近这块蛋糕"，村上先生这才了解波里尼所追求的是何种音色。

我们常常用柔软、蓬松、冰凉等有触觉意象的字眼来形容音色。

记得有一次在采访现场遇到两位小提琴家，他们给人的印象有微妙的不同，我顿时在笔记中写下："一位是乳酪蛋糕，另一位是巧克力蛋糕。"先借用蛋糕的意象记下来，等到有时间，再慢慢琢磨"乳酪蛋糕那位，表现方法好像更清淡些……"

翻阅音乐杂志的时候，也经常看到用"清爽"或"浓厚"等表现食物味道的形容词来形容声音。香脆的泡芙外皮，包裹着浓稠的奶黄酱，原来要尝出这种美味，也需要别样经验。

以前因为肖邦钢琴大赛的官方网站的工作，我去采访了钢琴家佐藤美香小姐，她提到自己每次弹奏肖邦的《奏鸣曲》，眼前就会浮现曾在波兰看过的枯叶飞舞之景。她将视觉的印象，借由钢琴转换为听觉表现出来。

太田惠美子老师总是告诉孩子们："绘画就是音乐，音乐就是绘画……音乐有强弱，颜色也有强柔。如果一首曲子只有钢琴的强音，那可一点都不好玩。一首歌一定有热闹的高潮和衬托它的段落，还要有主旋律和伴奏之间的平衡。重音也很重要，老是用同样强度的声音表现，听来一点也没趣。为了生动表现自己内在的一面，绘画就得像音乐那样才行。"

有一位打击乐演奏家艾贝玲·葛雷尼，她在 11 岁时几乎失聪，却在日后成为大受欢迎的演奏家。她说，演奏时都是利用自己身体震动的状态，来感受节奏和声音的高低。这个例子告诉我们，即使耳朵听不到，一样能感受到节奏和声音。例如心脏的跳动，只要将手放在胸口，一样能感受到。因为我们不是用耳朵，而是用心来感受的。

魔力悄悄话

人的五感终究只是接受器，五感的中央就是我们的心。所以我更加相信，五感是互相关联的。

第十一章 让人生更精彩

勤劳工作，诚恳待人，是迈向成功的唯一途径。这与没有尝过辛苦而获得成功的滋味迥然不同。不下功夫，却能成功，根本是不可能的事情。

——松下幸之助

享受成果，是人生一大乐事。事前花的心血愈多，下的功夫愈大，事后获得的成果自然愈好，享受起来必然也就愈快乐。

——曾虚白

信心好比一粒种子，除非下种，否则不会结果。

——罗伯·舒勒

诚实大美

和诚实的人打交道，令人心折不已。他们的平静以及坦白，初听起来有一点意外，突如其来的真话有时甚至像假话。

当诚实不在偷偷摸摸而光明正大的时候，一个人已经具备了感人的力量。

齐白石 70 多岁的时候，对人说："我才知道，自己不会画画。"人们齐声称赞老人的谦逊。老画家说，我真的不会画。人们越发称赞，当然没有人相信他说的话。齐白石从古人与造化中看出自己能力的些微。这是接近真理时的谦逊。在真理面前，一个人光明无碍地坦白自我，是一种诚实。如此说来，齐白石已臻做人与艺术的极致。

巴金曾说过："我不会写作……"闻者惊诧不已，巴金不会写，谁还会写呢？但如果认真地读他的作品，感到巴金的确没"写作"，只把非说不可的话说出来，技艺已居末位。

牛顿说过："在宇宙的秘密面前，我只是个在海边拾捡贝壳的儿童。"爱因斯坦被推举担任以色列首届总统，他谢辞。他说："我只适合从事与物理学相关的一些工作。"

这些高明人士的嘉言善行，以往都被当作谦逊的美德加以赞扬。其实，真正的谜底是他们的诚实。诚实有时如同谦逊，甚至颇有幽默感。这是被大人物的光环虚化的误读。诚实是一个人走向人生顶峰自然呈现的坦诚，在他们那里，一切谎言虚饰变得毫不重要，甚至可憎。

在缺少力量的人的手里，往往离不开虚假，像没有力量走路的人离不开拐杖那样。

诚实的人常常淡定从容，他们的眼睛和口气使你无法怀疑话语的真实。他们可以坦诚地谈论自己的出身、处境和对事物的看法，使你感到所谓荣辱进退、尊卑显隐之间，有一个大的道理存在。掌握这一道理的人敢以真面目示人，这样的人让人感到踏实牢靠。

诚实的人同时是得大自在、占大便宜的人。他们比诡诈的人更放松，因而更有智慧。他们没羁绊，也不设防，脸上没心机重重的艰难神色，也不需要借助更多的辞令、表情，包括手势来解释自己。诚实的人把真话像石头一样卸到别人的怀里，自己反得轻松。

不说真话的，除去道德缺陷之外，大约属于这几种情形：不宜、不敢和不能。

第一种属于私密范畴，如一个女人不必向每一个刚见到的男人自我介绍：我已经40岁了。不敢，是在文化上怀疑诚实的作用。这种人知悉诚实带来的小麻烦，不知诚实带来的大境界。所谓"从文化上怀疑"是指在我们民族的人际交往观念中，大都贬低诚实的作用，诚实者，除了吃亏之外，还会怕被别人低估你的智力水准。而不能是一个人长期在不讲真话的环境下生存已久，诚实的机制已经迟钝，诚实会与他整个世界观相对立。有些贪官在法庭上甚至临刑前都说不出一句真话，就是证明。

海涅说过，生命不可能从谎言中开出鲜花。诚实是力量的一种象征，它显示着一个人的高度自重和内心的安全感和尊严感。孟子有云，诚者，天之道也，思诚者，人之道也。诚实，乃人性中之大善之大美。

魔力悄悄话

生命的庄严不是你途经多少花园，而是当你双眼含着泪花的时候依然可以保持最纯真的微笑。

思想美才是人生之大美

容貌之美比不上形体之美，形体之美比不上优雅之美，优雅之美则不如思想之美。一个具有思想之美的人，周身总是散发着一股摄人心魄的魅力。

只有我们具备独一无二的思想，才真正具有真理和生命。只有有思想的人生才有真正的人生，只有有思想的人才能真正体会人生。

思想是灵魂。有思想的人是一个积极乐观的人，一个深刻的人。他总会在平常的事物中发现深藏在其中的蕴意，总结深刻的哲理。他明白，世界上的一切事物都有两面性，上帝给你灿烂的同时，也会捎带一缕尘埃。

当秋叶泛黄，他会联想到丰硕的果实，落叶的即将飘舞不只代表凋零，更代表"落红不是无情物，化做春泥更护花"的孕育与重生。如面前摆着半杯水的时候，他会惊喜地感谢别人给他留下半杯水，而不是去埋怨为什么那一半是空的，因为他知道悲观地看待事物只会让他更消极，而乐观地发现事物会让自己更向上！

思想是灵魂。有思想的人是一个有内涵的人，一个懂得生活的人。在平日的工作和经历中，一个有思想的人往往较一般人更能深刻全面地感受到人生的温馨和苍凉，感叹岁月的匆忙和绵长，从而积极地生活。人应当赶紧充分地生活，因为意外的疾病和悲惨的事故随时都可以突然结束他的生命。

所以，一个有思想的人，往往能努力去提高生活和生存的质量，做那些他们认为值得去做的事情。

有思想的人是一个热爱思考的人，一个时常自省的人。他会经常寻觅一些事情，思考一些事情，总结一些事情，安排一些事情，他们会从成功中总结经验，从失败中吸取教训。在荣誉与事业面前保持冷静与清醒，淡定从容，在探索的路上胸有成竹，在成功的路上拈花微笑！有思想的人把眼光放得更高，看得更远。他不会因暂时的困难而停止前进的步伐，不会因偶尔的乌云遮日而忘却明媚的艳阳。不以物喜，不为己悲。

魔力悄悄话

思想是灵魂。做个有思想的人，在自己的王国里自由驰骋，因为所有的美丽与凄伤，快乐与哀愁，希望与绝望都在这里面……

人生一世只在修"心"

人生在世，所求各有不同。有的沉迷于追名夺利，有的热衷于情欲欢场，有的则醉心于清幽山林。无论是什么样的人，在自己的内心深处都会有不同的梦想与追求。而不同的追求，又会呈现出不同的心态。

人之所以有不同的生活准则，有不同的兴趣与爱好，归根结底是因为都有一颗"自在"的心。这种"自在"之心，就是他对人生的看法、追求与思考。当一个人的心总往渴望的方向与目标靠近的时候，他的这颗"心"，也就开始不那么"自在"了。

成功者，有进取拼搏的"雄心"；失败者，有悲观失望的"灰心"；追名者，有不甘平淡的"虚荣心"；逐利者，有永不满足的"信心"；弄权者，有唯我独尊的"野心"；滥情者，有乐此不疲的"花心"；害人者，有损人利己的"歹心"。

人世间形形色色的人，只要有所求都离不开自我追逐的"心"。所以人生在世，无论高低贵贱，每个人都在修自我的"心"。

修"心"本没有门第贫富之说，但不同的人出生于不同的地方，生活于不同的家庭环境，接受不同的教育，他们的"心态"就有所不同，他们修"心"的起点就有所差别。"雄心""野心"很有可能在"修"的过程中，转换成"灰心"，而"虚荣心""花心"，则很可能会转换成"歹心""贪心"。

由此，人与人之间的关系就滋生出"私心""提防之心"。心之向善的修行，逐渐演变成"玩心眼"的修行。朋友与朋友之间玩心眼，同事与同事之间玩心眼，甚至亲人与亲人之间玩心眼，大家这样玩下去，朋友与朋友之间就不"真心"，同事与同事之间就不"实心"，亲人与亲人之间就不"贴心"了，最终，搞得大家都"伤心""堵心""恼心"、"烦心"，一个个都想去"净心"。

可见，人的一生就在和"心"较劲，和别人的心较劲，更多的是和自己的心较劲。社会上也因此多了许多"力不从心"、"心力交瘁"、"忧心忡忡"的人。

既然人的一生都是在修"心"，我们何不在入世的时候就开始修"平常心"呢？如果人人都有"平常心"，这世间也就不会有什么争夺、侵占、厮杀和不平等了。

人心向善，就会把万事万物看得很美好，事物入眼皆美，那内心的真善就不会失衡。每个人保持一颗永远真善的心，也就能保持一个安康和谐的群体与社会，那时，皆能"心花怒放"、"心想事成"。

魔力悄悄话

当一个人真正明白了生存的真谛，修成了玲珑剔透的"唯美之心"，那他就不会再发出"我本将心向明月，奈何明月照沟渠"的人生感叹了。

淡之美

一个年轻的女孩子，从你眼前走过，虽是惊鸿一瞥，但她那淡淡的妆，更接近于本色和自然，好像春天早晨一股清新的风，就会给人留下一种纯净的感觉。

如果浓妆艳抹的话，除了这个女孩表面上的光丽之外，就不大会产生更多的有韵味的遐想了。

其实，浓妆加上艳抹，这四个字本身，已经多少带有一丝贬义。淡比之浓，或许由于接近天然，似春雨，润物无声，容易被人接受。

在中国画中，浓得化不开的工笔重彩，毫无疑义是美。但在一张玉版宣上，寥寥数笔便经营出一个意境，当然也是美。前者，统统呈现在你眼前，一览无余。后者，是一种省略的艺术，墨色有时淡得接近于无。可表面的无，并不等于观众眼中的无，作者心中的无，那大片大片的白，其实是给你留下的想象空间。"空山不见人，但闻人语响。"没画出来的，要比画出来的，更耐思索。

西方的油画，多浓重，每一种色彩，都唯恐不突出地表现自己，而中国的水墨画，则以淡见长，能省一笔，决不赘语，所谓"惜墨如金"者也。

一般说，浓到好处，不易；不过，淡而韵味犹存，似乎更难。

咖啡是浓的，从色泽到给中枢神经的兴奋作用，以强烈为主调。有一种土耳其式的咖啡，煮在杯里，酽黑如漆，饮在口中，苦香无比，杯小如豆，只一口，能使饮者彻夜不眠，不觉东方之既白。茶则是淡的了，尤其新摘的龙井，就更淡了。一杯在手，嫩蕊舒展，上下浮沉，水色微碧，近乎透明，那种感官的怡悦，心胸的熨帖，腋下似有风生的惬意，也非笔墨所能形容。所以，咖啡和茶，是无法加以比较的。

但是，若我而言，宁可倾向于淡。强劲持久的兴奋，总是会产生负面效应的。人生，其实也是这个道理。浓是一种生存方式，淡，也是一种生存方式。两者，因人而异，是不能简单地以是或非来判断的。我呢，觉得淡一点，于身心似乎更有裨益。

因此，持浓烈人生哲学者，自然是积极主义了；但执恬淡生活观者，也不能说是消极主义。奋斗者可敬，进取者可钦，所向披靡者可佩，热烈拥抱生活者可亲；但是，从容而不急趋，自如而不窘迫，审慎而不狷躁，恬淡而不凡庸，也未必不是另一种的积极。

一个人活在这个世界上，不管你是举足轻重的大人物，还是微不足道的小人物，只要有人存在于你的周围，你就会成为坐标中的一个点，而这个点必然有着纵向和横向的联系。于是，这就构成了家庭、邻里、单位、社会中的各式各样繁复的感情关系。

夫妻也好，儿女也好，亲戚、朋友也好，邻居、同事也好，你把你在这个坐标系上的点，看得浓一点，你的感情负担自然也就重；看得淡一点你也许可以洒脱些、轻松些。

譬如交朋友，好得像穿一条裤子，自然是够浓的了。"君子之交淡如水"，肯定是百分之百地淡了。不过，密如胶漆的朋友，反目成仇，何其多呢？倒不如像水一样地淡然相处，无昵无隙，彼此更怡洽些。

近莫乎夫妇，亲莫乎子女，其道理，也应该这样。太浓烈了，便有求全之毁，不虞之隙。尤其落到头上，一旦要给自己画一张什么图画时，倒是宁可淡一点的好。

物质的欲望，固然是人的本能，占有和谋取，追求和获得，大概是与生俱来的。当清教徒当然也无必要，但欲望膨胀到无限大，或争名于朝，争利于市，或欲壑难填，无有穷期；或不甘寂寞，生怕冷落，或欺世盗名，招摇过市，得则大欣喜，大快活；不得则大懊丧，大失落。神经像淬火一般地经受极热与极冷的考验，难免要濒临崩溃边缘，疲于奔命的劳累争斗，保不准最后落一个身心交瘁的结果，活得也实在是不轻松啊！其实，看得淡一点，可为而为之，不可为而不强为之的话，那么，得和失，成和败，就能够淡然处之，而免掉许多不必要的烦恼。

淡之美，某种程度近乎古人所说的禅，而那些禅偈中所展示的智慧，实际上是在追求这种淡之美的境界。禅，说到底，其实，就是一个淡字。人生在世，求淡之美，得禅趣，不亦乐乎？

魔力悄悄话

　　每个人都只是时间和空间里的一个过客。我们不能决定生命的长度，但是可以延长生命的意义。

欣赏是最美的甘霖

欣赏别人，是一种境界，一种涵养，一种素质，一种情感。

欣赏别人，是一种给予，一种传递，一种沟通，一种祝福。

欣赏别人，是一种肯定，一种理解，一种尊重，一种鼓励。

欣赏，就是赞美、鼓励，即对别人的个性、特长、言行、优点和成就发自内心地褒扬称赞。这是滋润人与人的友谊之花的最美的甘霖。

人生旅途中，欣赏是一种最容易获得的愉悦。这个世界倘若人人彼此欣赏，就充满了温暖与生机。欣赏别人，又是一种智慧，因为你在欣赏别人的同时，也不断提升和完善了自己。

每个人的心灵都有无限的空间，容下了无限的智慧。当你真正走进一个人的心灵去欣赏别人时，这是欣赏的最高境界，也是最大的幸福和受益。所以学会欣赏别人是走进别人的心灵去欣赏，这需要才智、勇气、真诚。心诚则灵，总是可以走进去的，一旦走进了别人的心灵你所欣赏到的就是真实。

当你走进别人的心灵去欣赏别人时，就别去责怪别人的不足，而是要学会欣赏不足之中深涵的智慧。是解读，走进去了就得会读，把别人读懂，读不懂怎么去欣赏呢？

有些人相处的时间越长却处不下去，一个很关键的问题，就是可能没读懂对方，读不懂怎么能言而由衷，言而有悦呢？怎么能志同道合呢？

欣赏不是让你去活在别人的影子里，而是欣赏别人的个性，欣赏别人的情感，欣赏别人的才华，欣赏别人的富有等等。

在欣赏的过程中发现，在发现的过程中欣赏，在欣赏的过程中升华，不断提升欣赏的层次与深度，在欣赏中享受快乐与激情，以致在欣赏中思考自己，寻找自己，正视自己，修正自己。

不会欣赏别人的人，往往也得不到别人的反馈，失去了许多鼓励自我的机会；不会欣赏别人的人，感情难以和他人拉近，无法获取他人的帮助和友情；不会欣赏别人的人，感受不到人间的真善美，心中易被一片愁云所笼罩。

欣赏别人就是一种尊重，被人欣赏就是一种承认，无人欣赏则是一种不幸。欣赏别人的潇洒倜傥，从而能培养自己的风度；欣赏别人的作品，从而可以开阔自己的视野和胸怀，不断提升自己的层次与内涵。

在欣赏的目光和氛围中工作生活，我们会更加愉悦自信地去做好我们应该做的一切，去尽应尽的责任和义务。你会发现世界是如此美丽。一个不会欣赏或欣赏力低下的人，生活的宽度和广度极其有限，人生韵味和情调也无从领略。

欣赏是一种享受，是一种实实在在的享受。无论何时何地，你学会了欣赏，你便收获快乐，收获温馨。懂得欣赏，你的心情便永远阳光灿烂。

魔力悄悄话

活着的真正内涵在于上天借给了我们一段时光，让我们去发现人性的真善美。但丁说："人不能像走兽那样活着，应该追求知识和美德。"不能因为阴霾而不见阳光，不能因为自己曾经受骗而怀疑真诚，更不能因为道路曲折而无视生命途中的风景。

走过的地方就是风景

世界是五彩缤纷、瑰丽多姿的，每一处风景都值得人们欣赏。但在欣赏这斑斓世界的同时，也不要忘了给自己一点信心、一点自尊和自重，留一点时间欣赏自己。欣赏自己，常常与自以为是、孤芳自赏等负面的词儿连在一起，被人们误解甚至嘲讽。其实，只要不是欣赏自己的缺点，而是欣赏有缺点的自己，每天信心十足地面对生活，有何不好？

试想，一个连自己都不看重的人，又怎能赢得他人的尊重？温柔清婉的女士，像柳永的词，令人一咏三叹；充满"大江东去"豪气的男人，如苏轼的词，有挥之不尽的潇洒……干吗掩饰自己，每天生活在别人的看法里？

挺起你的胸膛吧，你就是你，即使有人不喜欢也不必在意。欣赏自己，意识到自己的重要、优势和价值，不必依赖别人来提高你的价值，也不要强求别人的言行符合你的旨意。

当你学会了欣赏自己，便会推己及人，自然懂得热爱他人，欣赏他人，乐于帮助他人，关心他人。这样，你在对他人的帮助中便没有了虚假的成分。

你帮助别人也不是为了什么功利目的，不是为了博得他人的感恩，而是从帮助别人、关爱别人中，体会到你作为个体的重要，从而享受到真正的快乐。每个人都是一道风景，都是一个故事。懂得欣赏，会使风景更优美；懂得欣赏，会使故事更动听。从欣赏的镜子里折射出的自己，其实只是换了一个方向。平常的相貌中自有风流的亮点，平凡的人生中也不乏闪光之处。一帆风顺当然很好，经历苦难而不倒的人更令人赞赏。

成功的喜悦，屡败屡战的斗志，都弥足珍贵。生命在不停地走着，从少年到青年，从青年到中年，从中年到老年。如果我们付出了，努力了，用心了，那么，不妨用欣赏的眼光看待自己已逝的岁月。那时蓦然回首，我们会惊喜地发现，自己走过的地方，原来也是一道道值得回味、韵味无穷的风景。

魔力悄悄话

在人生旅途中，时光就像诗人笔下那朵红红的石榴花，更像蒙胧中那一个个浅淡的微笑，那是一种韵味深长的美。